亳州历史文化丛书之十二

亳州

酒史研究

杨小凡　程　诚◎著

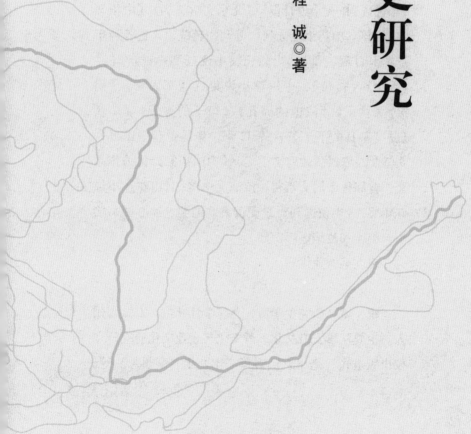

中国文史出版社

作者简介

杨小凡　1967 年生于亳州，中国作协会员。曾在《收获》《人民文学》《当代》《十月》《钟山》《花城》《中国作家》《芙蓉》《诗刊》等多家刊物发表作品 400 多万字，若干小说被《长篇小说选刊》《小说选刊》《小说月报》《北京文学选刊》《中华文学选刊》《中篇小说选刊》等刊物转载，入选各种年选本上百篇（部）；出版长篇小说《酒殇》《窄门》《天命》《楼市》，中短篇小说集《药都人物》《玩笑》《欢乐》《流逝的面孔》《梅子的春天》《总裁班》《某日的下午茶》等 22 部。作品曾获中国报告文学奖、安徽省政府文学奖、《中国作家》优秀作品奖、首届鲁彦周文学奖、滇池文学奖、《山花》小说双年奖、《小说选刊》最受读者欢迎奖、冰心图书奖等，编剧和改编电影四部。

现在某企业供职。

程　诚　研究生学历，九三学社社员，安徽亳州人。主要从事安徽文化、酒文化与企业文化研究，点校出版道光《亳州志》、乾隆三十九年《亳州志》等。

亳州历史文化丛书
编纂委员会

主　任：汤　涌
副主任：张俊民　马　露　龚艳玲　张国芳
　　　　陈显锋　沈振清　宋　峰　李长春
　　　　靳家海
编　委：李　松　江　浩　刘　玲　葛兴全
　　　　纪恒庆　薛　冰　雅浩海　时明金
　　　　张　弘　巩敬耕　张　羽　李先锋
　　　　杨小凡　邢　飞　魏宏灿　佘树民
　　　　赵　威　张超凡　臧艳丽

编委会办公室

主　任：李　松
副主任：葛兴全　张　羽　李先锋　杨小凡
　　　　邢　飞　臧艳丽

前　言

　　酒为天地造化之物，是大自然的恩典。

　　成熟的果蔬落地，在空气、水、酵母菌类、阳光的自然酵化下，生成一种酸甜的液体，这便是"酒"的源流和发端。古猿人出现后，他们开始有意识地捡拾果蔬、堆积发酵，"酿酒"活动便正式出现，这时，酒便与人类进化一道开启"酒文化"之路。

　　人类的真正酿酒史，是以谷物做原料开始的。要以谷物做原料，首先必须有充足的谷物，有充足谷物的地方必定是原始农业文明的发源地之一。

　　黄河、长江流域，以其气候、水源、土壤等自然优势，成为古代中国农业文明的发源地。农业带来了定居生活，也让人类从狩猎采集步入文明时代。谷物的普遍驯化和种植，为谷物酿酒创造了前提条件。可以说，酿酒及酒文化的发展，是与农业文明密不可分的。

　　亳州地处中原腹地，是中华民族古老文化的重要发祥地之一。新石器时代就有人类在此活动，距今5000多年的尉迟寺遗址出土了与酿酒有关的陶器。距今约4000年的钓鱼台遗址出土了中国最早的古小麦。在这片土地上，先民们把蒸熟的谷物放进

1

小口陶器发酵，酿造出第一缕酒香。

商汤最早定都于"亳"后，商人发明了酒曲，这是人类酿造史上划时代的技术革命。酒曲的发明与应用，使中国成为世界上最早将霉菌应用于酿酒的国家。商人还发明了甲骨文，中原从此成为东亚大陆最重要的知识生产地区，形成了一个吸引与凝聚周边民族的大旋涡。从甲骨文中与酒有关的文字，可以证明中国酒文化的书写是从此开篇的。

人们何时真正以谷物为主原料，驯化酵母、规范发酵、蒸馏取酒，一直争论不休。有汉代说，有元代说，也有更保守的宋代说。但根据现在考古发现的蒸馏器显示，笔者认同汉代说。我们的理由是，出土的汉代蒸馏器可作为实证（安徽古井酒文化博物馆现在就藏有汉代蒸馏器的复制品）。公元196年，曹操把家乡的"九酝春酒"进献给汉献帝，并详细说明了酿造方法。其酿造方法"九酝酒法"被《齐民要术》记载推广，亳州地区的酿造工艺开始走向全国。

北周时期，"亳州"作为地名首次出现。从北周至明初，亳州管辖着谯县（今谯城区）、山桑县（今蒙城县）、城父县（今谯城区城父镇）、临涣县（今安徽濉溪临涣镇）、酂县（今河南永城酂城镇）、谷阳县（今河南鹿邑县）、永城县（今河南永城）、真源县（今谯城与鹿邑交界）八县。大亳州的行政区划维持了约一千年，这一时期的亳州也成为全国重要的商业中心、宗教中心和酿酒中心。

宋代在亳州设了十多处酒务（榷酒机构），每年酒税高达十一万贯以上。唐高宗、宋真宗等帝王曾至亳州祭祀老子，姚崇、晏殊、欧阳修、晁补之等名臣曾在亳州做官，留下饮酒乐游的

2

诗篇。

在谯城区牛集镇惠济河北岸，有一座立于大明正德己巳仲夏月（公元 1509 年，夏历六月）的碑，上题"重修钦赐归德州牛寺孤堆官庄兴福寺记"。该碑明确记载了徽庄王近十万亩"官庄"的范围，印证了在官庄兴建"公兴槽坊"酿酒进贡皇宫的历史。而现在作为国家级文物保护的"公兴槽坊"，就是现安徽古井集团的前身。由此可证，在明代亳州城区的酿酒技术在全国是领先的。

亳州以涡河上接汴水、黄河，通山、陕、蒙、甘、青腹地；下由淮入长江畅达四海。明清时期，南北商旅在这里汇集，酒文化随着商业的发达更加繁荣。清末，亳州酿酒业兴盛，资料记载全城有酿酒作坊百余家，除生产高粱大曲酒外，还出产洺流酒等数十种地产酒类。

新中国成立后，在安徽省委、安徽省人民政府及各级政府的支持下，安徽省营亳县古井酒厂、亳县酒厂、高炉酒厂等在老作坊的基础上不断扩大。1963 年，古井贡酒首次参加第二届全国白酒评酒会，一举跻身八大名酒第二名，震惊全国。此后，又在 1979 年第三届全国评酒会、1984 年第四届全国评酒会、1989 年第五届全国评酒会上，三次蝉联名酒金奖。

改革开放以来，白酒产业成为亳州地区的优势产业。作为重要经济增长点，形成了以谯城区古井镇和涡阳县高炉镇两个白酒产业集群区。年生产能力 14 万千升左右，拥有"古井""古井贡""高炉家""金坛子"等 4 个中国驰名商标。全市白酒企业 135 家，从业人口达 3 万多人。2017 年，亳州被评为"世界十大烈酒产区"，亳州在世界蒸馏酒历史上的地位得到公认。

从 5000 多年前开始，亳州地区的酿酒技艺作为中原文明的同行者、参与者与记录者，与中华民族的历史如影随形，绵延不绝。它定义了中国酒文化的基本概念，影响了中国酿酒史的演变轨迹，推动了中国传统酿造工艺的传播与成熟，引领中国酒业的发展。

为了发掘亳州酿酒业的历史，传承美酒文化，笔者以在安徽古井集团多年工作经历及对有关资料的阅读和积累，梳理出亳州酒史的资料和轮廓，以备方家批评和后来研究者参考。

本书的研究与出版得到了亳州市政协领导及葛兴全、李先锋等多位同志的支持，中国文史出版社副社长唐柳成先生、编辑马合省先生耐心细致地组织出版事宜，还有安徽大学、亳州学院、亳州市党史与地方志研究室等多个单位的专家为本书提出了宝贵的审校意见，在此一并表示感谢。

2021 年 7 月

目　录

1

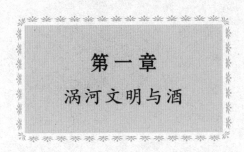

第一章

涡河文明与酒

农业起源与酒的诞生

中国是世界四大文明古国之一，有着非常悠久的酿酒史。根据考古发现、民俗传说与历史文献记载来看，早在大约 6000 年以前，我们的祖先就已经开始大规模地饮用与酿酒。

2007 年，中国考古学家在河南省漯河市贾湖地区，发现了先民酿酒的证据。当地陶片内壁上发现了由酸楂、蜂蜜、水稻发酵而来的酒石酸。可见在公元前 7000 年—公元前 5800 年，中国人就已经喝上酒了。有意思的是，美国人还借这个概念出了一款啤酒，就叫贾湖啤酒（Jiahu beer）。

酒的起源，中国有两大传说：仪狄造酒、杜康造酒。先秦史书《世本》记载："仪狄始作酒醪，变五味；少康作秫酒。"[1] 大禹之女仪狄发明浊酒，而后少康（又名杜康）发明了高粱酒。《战国策》记载："昔者，帝女令仪狄作酒而美，进之禹，禹饮而甘之。"[2] 女人发明酿酒有一种女神崇拜的意味。仪狄酿酒的真正信息可能是说早在女性在社会扮演重要角色，即母系氏族社会时代，华夏族便已有了酿酒活动。

---

[1] 《世本》卷一。
[2] 《战国策·魏策二》。

有一种传统观点非常盛行，农业是一切文明的基础，酿酒也不例外。近年来的人类学与考古学研究，却让这个公论显得有点儿不太准确了。许多学者通过对大洋洲、非洲和美洲残存的狩猎采集者进行深入调查发现，实际上石器时代的生活并不匮乏，每个人的物质需求都能得到轻易满足，除了寻求食

尉迟寺文化黑陶杯

物，还有充足的闲暇。著名人类学家马歇尔·萨林斯把这种状态称为"原初丰裕社会"①。

现代丰裕社会是"死于食物太多的人要比死于食物太少的人格外多些"，在这样的社会里，不是需求刺激生产，而是"生产创造它企图满足的欲望，生产只是填补了它本身所创造的空隙"，现代广告和推销机构也应运而生并主导消费。原初丰裕社会是为使用而生产，而不是为交换而生产；它的目标明确且有限，人类索求不多，而满足需求的方式不少。

那么，为什么人类要放弃田园牧歌，转而从事定居农业，乃至酿酒呢？有一个有趣的巧合，几乎所有的驯化植物都曾被先民用来酿酒，并储存在各式各样的陶器之中。

----

① 〔美〕马歇尔·萨林斯著，《石器时代经济学》，三联书店 2019 年版，6 页。

4

目前已知最早的人造建筑是土耳其的"哥贝克力石阵",距今大约一万年,这也是人类定居生活开始的年代。这个石阵面积很大,建筑用的石板重达16吨,建造这个石阵对于先民不是一件轻松的事儿。

在石阵中有一些巨大的石盆,最大的容量能够达到近200升,石盆中有大量草酸的痕迹。把大麦和水混合在一起就能产生这种化学物质,这种混合也会自然而然发酵为啤酒。如此看来,这个石阵可能是部落聚会的地方,他们聚集在此处饮酒。

斯坦福大学的团队也在以色列海法附近、著名的纳图夫文化遗址(世界三大农业起源地之一)发现了酿酒的遗迹。结合前不久同在此文化遗址发现了面包坑的遗迹,我们可以更新一下知识点:人类酿酒的历史可以追溯到11700—13700年前,远在真正的

土耳其哥贝克力遗址

农业革命之前。

在一个洞穴里,研究人员还发现了研磨淀粉粒的遗迹,考虑到纳图夫人已经有了村舍、驯化动物与初级的等级制度,酿酒可能是广泛种植野生大麦的动力之一,现代大麦正来自野生大麦与一种野草的杂交,那么就是说,酿酒可能是农业出现的原因之一。

1992 年,加拿大学者海登提出了一种关于动植物驯化的竞争宴享理论。他认为,在农业被发明的初期,谷物和动物在人类的食谱中所占的比例并不是很大,人类并不是为了解决饥饿问题才发明的农业。但在发明的过程中,一些动植物的美味吸引了人类把这些驯化了的动植物进行固化,以扩大食谱,从而使得农业发展起来。

海登的宴享说为原始农业的起源和酿酒的关系做了一个非常好的理论上的说明。海登认为,在农业开始的最初时期,驯化的粮食作物与充饥并没有太大的关系,而是人们对美食的追求,增添美食的种类成为人们发明农业的重要动力。谷物和动物的驯化,大大地改善了人类的美食结构。例如,谷物可以用于酿酒,有些植物就是纯粹的香料和调味品,葫芦科植物的驯化则用来宴饮,狗除了狩猎也是一种美食。

酿酒需求催生农业,听起来耸人听闻,其实确有不少证据可以支撑。

第一,酿酒远比制作面包容易。原始人的工具非常落后,虽然有类似镰刀的收割工具,但不可能像现在这样收到足量完整的谷物,还会造成大量浪费。就算勉勉强强地完成了收割,最早的谷物种类多是颖壳闭合的,不经过麻烦的处理过程就不能很好地

6

转化成面粉。在这种条件下，性价比最高的方式其实是酿酒。科学家估计，最开始人类可能只是将谷物与水混合在一起形成某种胶状物，意外地混入了天然酵母，然后就通过自然发酵得到了酒。一旦尝到了"甜头"，我们的祖先就愈发好好"栽培"这些谷物。而且，相比用水果酿酒，用谷物来酿酒，也能更好地控制时间、更易于保存。

谷物发酵的酒营养丰富，含有更多的维生素和赖氨酸（Lysine）精华，对平衡人类早期糟糕透顶的饮食结构非常有效。酒中含有的酒精可以净化水源，杀死细菌。考古学家们还通过5000年前的陶器碎片复原了古人的工具，包括漏斗、阔口罐、小口尖底瓶和陶灶。像这样的工具可以完成精密的酿酒发酵。美国宾夕法尼亚大学人类学家所罗门–卡兹（Solomon – Katz）提出，已经发现的新石器时期的狭颈陶制容器，就是为酿酒而制成的。斯塔夫里阿诺斯的经典著作《全球通史》中也板上钉钉地写道："到新石器时代末期，居民们有了不仅能用来贮存谷物，而且能用来烹调食物、存放油和啤酒等液体的各种器皿。"

第二，真正想要改变人们的生活方式，需要文化驱动。如果想要团结部落，说服朋友，酒无疑是最好的选择。酒在早期文明中依然扮演着宗教饮品的角色，帮助部落发展壮大，即使是最顽固的猎人也能被酒说服，转而定居下来。酒在宗教祭祀、部落庆典中也发挥着十分重要的作用。而且，很多民族都相信，酒在来生也有用，这也是为什么很多墓穴里都有酒和酒器的陪葬品。

视野回到农业起源，众所周知，农业的起源地是黄河中下游流域、西亚北非的新月地带和中美洲地区。世界这么大，难道没有更适宜的地方可以驯化动植物，产生文明吗？比较这三个文明起源地，有三个因素值得我们注意。

第一，自然资源属于中等水平，都属于半湿润半干旱地区。半湿润、半干旱条件意味着降雨量不多，这对植物生长不能算作理想的条件，因此植物种群的密度与种类并不特别丰富。本来就不丰富的资源，经末次冰期后气候转冷转干，更不易满足人类需求。费心费力地劳作而获取食物，不是人类欣然接受的选择，人口增长后的食物压力才是。

大自然的赏赐越欠缺，人类越需要通过劳动、技术探索与发明创造来弥补资源的不足。也许正是这样的原因，农业起源中心不在雨量充沛、绿野青山的西欧、中欧，而诞生于大河流域。农业生产活动不是简单的体力付出，创造与发明伴随着生产中的每一个环节，筑堤挖渠、兴修水利、扶犁耕作、打造工具……所有这一切，一步步推动人类社会从蒙昧走向文明。

第二，处于不同文明交汇带，交通区位便利。三大农业起源带都并存着农业、渔猎与游牧文明，对于新石器时代满天星斗的先民来说，它们都是充满着诱惑的十字路口。得中原者得天下，两河流域同样也像一个旋涡吸引着周边民族。交通的便利可以使这里最快最全吸收不同地域的成果，繁育出丰富多彩的文明之花。比如说青铜器与玉器制作技艺，虽然不是在中原地区产生，却在这里发扬光大。

第三，河流是人类文明的接生婆。许多古老的文明都是从一条河流开始的。历史上几条孕育古文明的河流，已不再只是地理上的名称，也有着文化史上强烈的符号象征意义。对于先民而言，河流代表着充沛的水源和便利的交通，这对于聚拢人力、扩大聚落是必不可少的条件。对河流的利用与开发则又推动着先民发展有组织的政治关系，建立国家。大禹治水的故事这样描述，大禹走南闯北，三过家门而不入，最终平息了水患，也因此在黄河与长江流域积累了威名，最终建立了中国历史上第一个国家——夏。大禹的故事在后世愈加详

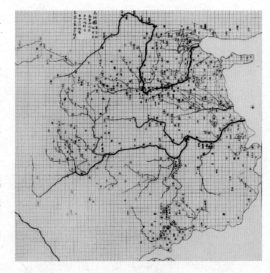

南宋《禹迹图》

细，越来越多的地域被纳入大禹治水的范围，甚至传说大禹划定了九州，乃至于中国最早的地图也被称为《禹迹图》。结论只有一个，伴随着治水大业，最初的中国应运而生，大河塑造了我们的文化。

提起华夏族的母亲河黄河，映入脑海的首先是暴虐的泛滥。"毫无节制"的泛滥让治水成为历代中国的头等大事，也让黄河流域的人们学会了在灾难中坚韧地存活下来的秘密。这种坚韧的存活，需要达观与开阔的精神，也可能是一种异常顽强的对"生存"的执着。

翻开世界美酒地图，白酒、威士忌、白兰地、香槟、伏特加、杜松子酒、朗姆酒、苦艾酒……如此琳琅满目的名酒都有一个共同点，几乎都产生于以北纬 30 度为轴心的北半球暖温带，农业与酿酒业同时在这里孕育传播。中原地区是中国酿酒业的起源地，其中最为典型的代表便是我们这本书的主角——亳州。

古老的涡河文化圈

"在中国考古、历史工作者头脑中，曾长期萦绕着两个怪圈。之一是根深蒂固的中华大一统旧观念；之二是把社会发展史当作全部历史。"1994年，考古学家苏秉琦先生在为他的《华人·龙的传人·中国人——考古寻根记》一书所写的自序《六十年圆一梦》中如此表述。

夏商周秦汉，魏晋南北朝，隋唐又五代，宋元明清，一个朝代接着一个朝代，中国历史仿佛就是这样循环往复的过程。然而如果我们翻看史籍，就会发现一个惊人的事实，夏、商、周三个文明同时存在，他们之间的关系不像是朝代的更迭，更像是不同国家的角逐。据《史记》记载，夏、商、周的先祖都在尧舜时期立有功绩，有着独立的发展脉络。

现代考古学和史学研究表明，新石器时代的中国，直至夏商时期，都同时存在着发展水平相近的众多文明，散布在中国的四面八方，犹如天上群星之星罗棋布，苏秉琦先生将之形象地概括为"满天星斗"模式。

中原的仰韶文化庙沟类型、长江下游的良渚文化、西部的马家窑文化、山东的大汶口文化，等等，都代表了这个时期的各地

10

文明。这些新石器文化，虽然都极具特色，但没有一个能有广域的影响力来统领华夏秩序。中原文明最初只是众星之一，而且并非众星之核心。直到商周时期，中原文明才确立了核心优势。

视野回到亳州，这里地处南北交界，自古有"南北通衢，中州锁钥"之称。乾隆《亳州志》云："亳为中州门户，南北交途，东南控淮西北接豫，涡河为域中之襟带，上承沙汴，下达山桑，百货辇来于雍梁，千樯转输于淮泗，其水陆之广袤，固淮西一都会也。"①

顾祖禹《读史方舆纪要》载亳州云："按州走汴、宋之郊，拊颍、寿之背，南北分疆，此亦争衡之所也。昔者曹瞒得志，以谯地居冲要，且先世本邑也，往往治兵于谯，以图南侵。及曹丕

乾隆三十九年《亳州志》书影

---

① 乾隆三十九年《亳州志》卷一。

篡位，遂建陪都，其后有事江淮，辄顿舍于此。晋祖逖志清中原，亦从事于谯。及桓温伐燕，实自谯而北也。拓跋蚕食淮南，恒以谯为重镇。宇文周与陈争江北之地，军府实置于谯州。唐平辅公佑，亦命一军自谯亳而南矣。朱温以盗贼之雄，初得宣武，即屯据亳州，而东方诸镇，以次供其吞噬，岂非地有所必争乎？宋南渡以后，亳州为敌守，而汴宋竟不可复。盖襟要攸关，州在豫、徐、扬三州间，固不独为一隅之利害而已。"[1]

亳州历来是军事要地，是中原地区伸入南方的咽喉，涡河则是中原地区到达淮河乃至长江流域最方便的通道。所以，古人有"守江先守淮，守淮先守亳"的军事思想。

涡河发源于河南省之黄河支流浪荡渠。流经杞县、睢县、柘城、鹿邑、亳州和涡阳，自怀远注入淮河。涡河在亳境内长 173 公里，流域面积达 4135 平方公里，占亳州总面积的 49.37%。河道均宽 230—250 米，涡河河道宽阔，无水患之虞。涡河支流较多，主要支流有惠济河、涡河故道、铁底河、洪河、赵王河、武家河、漳河和油河等。

时间回溯到 5000 多年前的新石器时代，涡河流域的人类活动便已相当发达。位于涡河流域的尉迟寺遗址，距今 5000 多年，东西长约 370 米，南北宽约 250 米，总面积达 10 万平方米，是国内目前保存最为完整、规模最大的新石器时代晚期聚落遗存之一。不仅发现了规模庞大的聚落遗迹，还出土了近万件石器、陶器、骨器、蚌器等珍贵文物，被誉为"中国原始第一村"。陶器中的陶尊、窄口陶壶、长颈壶、觚形杯、高柄杯、高足杯等可以

---

① 《读史方舆纪要》卷二十一。

用于酿酒或饮酒。① 据考古学家分析，当时酿酒的方法主要是把粮食蒸熟后，放入窄口陶器自然发酵。丰富的粮食积存和多样的酒具，说明当时酿酒活动已经小有规模。

尉迟寺遗址考古现场

在亳州城东的钓鱼台遗址还出土了中国最古老的小麦，谯东镇程井遗址则出土了大量商周时期的簋、鬲、豆等器具，说明了涡河流域酿酒文明的发达。此外，还有新石器时代的傅庄遗址、后铁营遗址等多处遗迹。涡河流域丰富的文物遗存成为后世亳州酿酒业的坚实基础。

虽说古代定都择大河而居，但上古时期，物质条件落后，人类改造自然的能力极为有限，择大河而居实际上是选择相对平缓、不易发生水患的次等水系。如西周、秦汉因渭水而都，东周洛邑则近洛水而居，分封诸侯少有直接定都于黄河之滨者。黄河自古以来水患频仍，涡河为代表的次等水系才是适宜定都之所。

《水经注》的记载也说明了五帝曾定都于涡河之滨。郦道元《水经注》认为涡河起源于蒗荡渠②，即后世闻名之鸿沟。当代一般认为涡河起源于河南省尉氏县，其主要源头则为源于河南平顶

①　中国社科院考古研究所编，《蒙城尉迟寺（第二部）》，科学出版社2007年版，135页。
②　北魏《水经注》卷二十一。

山市龙山的运粮河。这里临近传说华夏文明的发源地伊洛地区。《水经注》云："黄帝登具茨之山，升于洪堤上，受神芝图于华盖童子，即是山也。"这里相传是华夏族始祖黄帝活动区域，旧有轩辕庙、黄帝祠、嫘祖庙、屯兵洞等遗迹。

《水经注》载："涡水受沙于扶沟县，经大扶城西又东南经阳夏县西，又东经邈城北，又东经大棘城南，又东经安平县故城北，又东经鹿邑县城北，又东经武平县故城，又东经广乡城北，又东经苦县西南，分为二水，支流注于东北赖城，如谷为死涡，涡水又南东屈经苦县故城南，涡水又东而北屈至赖乡谷水注之，涡又北经老子庙东，又屈东经相县故城，南又东经谯县故城北，又东经朱龟墓北，又东南经层邱北，又东南经城父县故城，又东经下城父北。"①

扶沟、大扶城旧为太昊伏羲氏定居之所，神农氏曾在此发明农业，周代则归属陈国。夏县曾为夏朝之都城，并有夏王太康之遗冢。大棘城则为高阳氏颛顼之旧所，春秋时期曾发生争夺当地的大棘之战。鹿邑、苦县、赖城为高辛氏帝喾之所，并诞生了老子。相县其名得自于商汤十一世祖相土，并为商人故地，春秋时期宋国曾都于此。谯县则为南亳所在地，商汤在此定都，并制《汤诰》，后周武工封神农氏后人于此，建立焦国。

"龙凤呈祥"是中国古人最钟爱的文化象征之一。其起源也与涡河流域的先民有关。太昊氏以蛇为图腾，后来蛇演化为龙；少昊氏以鸟为图腾，后来演化为凤，这是中国文化中涡河先民留下的痕迹。

---

① 北魏《水经注》卷二十一。

此外，考古发现亦能证明涡河流域丰富的先民遗迹。涡河流域丰富的先民遗迹也说明了"涡河文化圈"的客观存在。涡河流域比较有代表性的遗址有蒙城尉迟寺、亳州后铁营、亳州钓鱼台、亳州傅庄、亳州两河

尉迟寺遗址出土的镂空黑陶杯

口、夏邑三里堌堆、永城黑堌堆、商丘县坞墙、虞城杜集、夏邑清凉山、濉溪马堌堆等。其中不少文化遗存介于龙山文化和二里冈上层文化、仰韶文化之间，反映出多种文化的融合和交流。如距今 6000 年左右的后铁营、距今 5000 年左右的傅庄与尉迟寺均发现了黄河流域仰韶文化的典型器物，说明早在 6000 年以前，涡河流域就是先民们交往频繁的地域。而且从地层挖掘来看，多数遗址的层次分明，没有断层，呈现出从仰韶文化至大汶口文化、龙山文化、商文化逐步演进的过程。①

可以说涡河不仅是商文化的母亲河，而且也是华夏文明的发源地之一。涡河沟通了淮河流域和黄河流域，商朝早期屡次迁都之址亦与之相近，细察比对之下，可以发现一条自涡河逆流而上

---

① 李灿：《殷亳商都》，中国文史出版社 2018 年版，42 页。

亳州的母亲河涡河

的迁徙轨迹。涡河是商人迁都的重要路线之一，这条路线不仅寓意着商族的逐渐强盛，也是商族文化逐渐占据华夏族核心区域的体现。

在早期文明中，陶器的传播范围与深度让人震惊。中原地区的彩陶、灰陶会出现在东北、西北与华南地区。有人可能会说，陶器主要作用是为了饮水，但谁会不远万里、费尽心机把沉重易碎的陶器带到远方呢？

饮酒是一个无法拒绝的理由。从新石器时代到三皇五帝的传说时代，绝大部分遗址的酿酒与饮酒器具均具有高度的相似性，酿酒的原料也都是黍稷、小麦，满天星斗的部落时代带来了满天星斗的酿酒遗址，中原地区是酿酒文化的集大成者。好酒的华夏先民沿着涡河，把自己的酒具与酿酒方法传播到其他地方，这正是中国酿酒业的起源。

"中国"旋涡的形成

什么是中国？这个问题似乎不太好回答。传统上，我们把"中国"当作一个历史上创造了繁荣文明，直至今天一直存在的民族国家。然而"民族国家"这个由西方政治学创造的概念并不太符合中国的情况，从古代到当代，中国都不是一个典型意义的民族国家。

虽然华夏族（汉族）占据了中国人口的绝大多数，但汉族政权统治这片土地的时间实际上和其他少数民族政权基本持平，汉族在血统上还受到多个少数民族的影响。维系这块土地的不是血缘，不是武力，不是地域，而是文化。

记载"宅兹中国"的何尊铭文

18

在中国古代政治结构中的"天下"观念里，"中国"是天子居住的地方。2011 年，陕西宝鸡出土了一件距今 3000 多年的何尊，记载了周成王继承周武王遗志，营建成周（今洛阳）之事。而铭文中的"宅兹中国"是"中国"一词迄今发现的最早来源。"宅兹中国"大意为我要住在天下的中央地区，以此统御天下的民众。

在同一时期的先秦文献中，也有类似的记载。《诗经·大雅》云："惠此中国，以绥四方。"《孟子·齐桓晋文之事》云："莅中国，而抚四夷也。"中国与四夷相对，这里的中国最初专指中原地区。"天子建国，诸侯建家"，天子居于中国而成为天下共主，控制四夷，保障普遍的和平；诸侯居于四夷，自主施政，拱卫天子。这不像是一种国家政治制度，倒像是一种世界政治秩序。虽然后来秦朝建立了中央集权国家，但天下制度并没有消解，而是继续存续了两千多年。从封建制度到朝贡体系，中国的范围也从中原地区拓展到长城内外。

著名哲学家赵汀阳先生提出了一个很有意思的旋涡模型，中国的形成与生长仿佛一个具有向心力的旋涡，从中原地区起步，进而不断卷入周边地区、人口与文化，越滚越大。这个旋涡也成为东亚大陆各民族的博弈场，大家都想要逐鹿中原、问鼎中原，只有获得了中原的控制权，才能成为天下之主，拥有统治的合法性。

新石器时代的中国大陆，遍布着满天星斗的文明形态。进入三皇五帝的传说时代，来自中原的尧舜发明了历法，制定了官员选拔制度、礼仪与刑法，推广农业，成为天下共主，中国历史自此进入"月明星稀"的时代。中原成为照亮周边地区的月亮，周边地区则偶有星星点点的文明形态与其呼应或争锋。

中原最大的诱惑是什么？按照今天的话说，这里有什么独特的资源，值得周边民族去冒险？夏商时代的中原气候要比现在温和，中原的代言词是豫州，"豫"在甲骨文中的本意就是"我在这里猎了一头象"。当时还有大象和犀牛，中原最后一只大象在宋朝的时候才消亡。但是好的地方多得是，比如两湖流域、太湖流域、关中地区，资源条件也不差，为什么那些地方没有成为旋涡的核心？显然，自然资源不是首要条件。

物质解决不了问题，精神资源应该是主要的原因。中原的精神资源是以汉字为载体。现在能够确证，汉字可以追溯到甲骨文。历史不可逆，什么东西占了先，优势就会被一直保持。有了文字之后，很多精神建构都水到渠成，比如有了汉字之后，信息能够保存，人们能够支撑复杂的文明生活，也能够用于知识生

甲骨文为中原地区提供了巨大的政治向心力

产，文字就是知识的生产工具。

当时中原拥有汉字之后迅速成为唯一的知识生产基地，产生了大量的知识。知识在古代最大的优势，可以用于政治和历史：有了文字，建构的知识就有可能发展出复杂的政治制度，比如有了文字就能够设计各种复杂的制度，管理庞大的人口，发展出力量更强的国家；有了文字就能够记载历史，而所谓记载，事实上也就是"建构历史"，人们不可能把生活复制下来，历史都需要编写与建构，历史的本质就是编写一个故事。故事一写下来就好像是真的，直到今天还有"印刷崇拜"。历史是政治的宗教，通过记录历史，中原率先占领了时间，定义了美丑善恶，然后又能有规划地占领未来。

所以历史上所有外族进入中原建立王朝的时候，一定是要在中原的历史中找到自己的位置。比如说金、契丹、女真、鲜卑，只要成为中原王朝，一定要把祖先追溯为三皇五帝某一帝的后裔，攀住最强势的精神叙事，才能够获得对未来和历史的解释权，才有统治天下的资格。即使是在南北分裂的时代，对峙的双方也都自认为自己才是真正的中国。

这个旋涡还有一个特点：旋涡博弈的参赛者，只要一加入，就会被卷住。因为大家共用了同样的精神资源、政治结构和叙事，于是就变成了一体，只要加入这个游戏就难以脱身，变成了中国的一部分。

几十个部族通过逐鹿中原，变成了中国的一部分。只有极少数跑了，比如有的少数民族失败后往西边跑，想退出中国游戏的代价就是要把土地献给中国。加入中国的旋涡，土地就是陪嫁，无论谁入主中原，都能给中国带来扩张。

甲骨文等中的"富"与"福"

对于中国酿酒史而言，中原文明的旋涡依然适用。天子要经常向诸侯大臣赏赐酒，中央朝廷把酒作为管理天下的政治工具，古代的酿酒业与饮酒活动也要围绕着中原文明展开。

在中原文明编织的知识叙事中，中原是一切文明的起源，酒也不例外。甲骨文中以酒为部首的文字很多，比如"富""福"。"富"字的甲骨文为合体会意字（从宀从酉）。"宀"像房屋之形，"酉"像酒坛之状，表示房屋中有许多酒装在坛中，有的甲骨文字形在酒坛上部与侧面还有一些其他符号形体，表示取酒的工具以及酒从坛中溢出的样子，强调其财物丰饶之意，表示富有。

"福"字的甲骨文为合体会意字，左边的构件为"示"（一个横线条，一个竖线条），象征祭祀祖先或神灵的神主形象，一说是象征祭祀祖先或神灵的供桌之形，横线条表示石板的桌面，竖线条表示支撑桌面的石头底座，写成现代汉字就是"示"；右边的构件为"酉"，"酉"像酒樽之状，前两个甲骨文字形酒樽中有酒流出，后一个甲骨文字形"酉"字下面有两只手的形状，表示一个人双手捧着酒坛在奉献，整个字形表示双手捧着酒樽向神主进奉祭酒之状，表示以酒祭祀神灵或祖先，以求降福保佑之意。

有了中原的旋涡，中国的酒文化才能绵延不绝。自曾经居住在亳地的商人创造了甲骨文字之后，中国酿酒历史的书写也就开篇了。

第二章

"亳"的商周酒风

青铜文明与酒

　　华丽复杂的青铜器，沉醉的酒风，晦涩的甲骨文字，是商王朝留给后世最主要的文化形象。商王朝起源于涡淮流域，他们善于经商，定居之地称之为"亳"。今天的亳州，其名字的来源就是商汤王定都于亳的历史。

　　《史记》载："自契至成汤八迁，汤始居亳，从先王居。"①商族早期曾多次迁都，人们将"亳"作为汤都的泛称，因有北亳、南亳和西亳之称。《尚书·立政》云："三亳阪尹。"唐人孔颖达注疏引晋人皇甫谧的观点，认为蒙为北亳，谷熟为南亳，偃师为西亳。②古今对"亳"的争讼不绝如缕，其中对南亳的争论尤剧。然而，结合文献记载与考古发现，商人曾经在涡河流域的商亳大地繁衍生息是毋庸置疑的。

　　五帝时代，尤其是尧舜的时代，被认为是中国政治史的开端。中原大地在这一时期，完成了新石器时代向青铜时代的转变，主要表现在作为礼制系统的载体，由陶器变成了青铜器。酒的酿造在这个时期已经产生了高档酒和低档酒的差别，贵族们开

---

① 《史记·殷本纪》。
② 《尚书·立政》。

始只饮用高质量的酒，而且只用青铜器作为饮酒的工具。中原大地，在酒具的生产中是占据着优势地位的。《史记·黄帝本纪》记载，黄帝采首山之铜，制成兵器，战胜了蚩尤。青铜酒具的诞生，标志着中原文明政治有了新的载体。

在早期国家中，酒具也是最为重要的礼器。君臣使用不同的饮酒器具，有着明确的规定。相当于夏代晚期的二里头遗址中，出土了大量的酒具，等级性非常明显。王作为夏朝的最高统治者，在墓葬中有大量的礼器陪葬，而作为一般的贵族和臣子，不能使用那些高质量的礼器，在使用数量上也有严格的规定。

与定居生活的夏人不同，早期的商人过着逐河而居的迁徙生活。商人始祖契的六世孙王亥驯服了牛，发明了牛车，用牛拉货物，开始发展以物换物的商业贸易，使商国逐步强盛起来。作为一个好酒的部族，商人对于中国酒文化的传播功不可没。

商王朝第一次在中国大地建立了天下体系。虽然没有像周王朝那样创造出一整套的礼乐文明，其统治方式不外乎武力征服加巫术信仰的自然逻辑，但商人所达到的政治高度却是前所未有的。商族称商王与贵族所居的中商、大邑商为内服，而中商以外的广大地区，按亲疏关系分为侯、甸、男、卫、邦伯五个层次，合称外服。开启了西周分封制度的先河。

亳州汤王陵

《诗经·商颂》赞商代之广袤云："奄有九有""邦畿千里"。《史记·吴起列传》记载商朝疆域云："左孟门，右太行，常山在其北，大河经其南。"商人控制与影响着东至东海、南达长江、北抵燕山、西接关中的广袤区域。

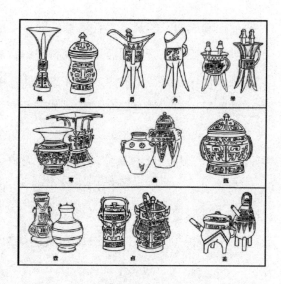

商代青铜酒器

强大的政治势力造就了今日星罗棋布的商代酿酒遗迹。在迄今为止发现的商代遗址中，不仅发现了大量用于酿酒的粮食，也发现了用于饮酒和储酒的大量酒器。酒器种类极为繁多，饮酒器有爵、觚、角、杯、卮、皿、斝、觥和斚等，储酒器有瓮、尊、卣、彝、瓿、罍和壶等，酒器的装饰亦十分复杂，反映出当时已经有了较为复杂的酿酒技术和酒礼。

商人已经能够使用酒曲酿酒，并能通过控制发酵程度来调节酒的口感和度数。《尚书·说命下》相传为武丁所作，武丁赞美傅说云："若作酒醴，尔惟曲糵。若作和羹，尔惟盐梅。"① 武丁将傅说比作制造食物必不可少的食材，而酒、醴、曲、糵则是商人酿酒的技术术语。曲是利用谷物霉变而制成的发酵剂，糵是利用谷

---

① 《尚书》卷十。

芽霉变而制成的发酵剂，二者培基不同，发酵功能亦有差异。曲的发酵效果要强于蘖，因而用曲酿制的酒，酒精度稍高，商人称之为酒；而用蘖酿造出的酒，酒精度较低，商人称之为醴。甲骨文中亦经常出现"酒醴"的记载。如《甲骨文合集》975 载武丁时卜辞："其往，于甲酒咸。"《甲骨文合集》3280 云："贞惟邑子呼飨酒。"《甲骨文合集》2890 云："贞我一夕酒。"①

商人还酿造出一种专门用作祭祀占卜的酒，唤作"鬯"。甲骨文中常见"鬯"字，如《殷墟书契后编》卷上 28.3 有"百鬯百羌卯三百田"的记述，《殷墟书契前编》5.8.4 有"癸卯卜，贞弹鬯百、牛百"的文辞，这两片卜辞提到的鬯均达百数之多。发现如此之多的酒类记载，说明当时酒的产量非常可观。②

鬯酒的流行一直延续到周代。《周易注疏》云："不丧匕鬯。"王弼注："鬯，香酒。"③《礼记注疏》云："天子鬯者，酿黑黍为酒，其气芬芳调畅，故因谓为鬯也。天子无客礼，必用鬯为挚者。天子吊临适诸侯，必舍其祖庙，既至诸侯祖庙，仍以鬯礼于庙神，以表天子之至。"④ 鬯酒因为气味芬芳，酿艺复杂，天子举行祭祀出巡等重大活动一般均有使用。

从历史文献来看，商人耽酒甚至到了无酒不行的地步。《史记·殷本纪》记载纣王"以酒为池，县⑤肉为林，使男女保相逐其间，为长夜之饮"⑥。《尚书·微子第十七》载微子言云："我

---

① 王赛时著，《中国酒史》，山东大学出版社 2010 年版，20 页。

② 王赛时著，《中国酒史》，山东大学出版社 2010 年版，20 页。

③ 〔魏〕王弼等注，《周易注疏》卷五。

④ 〔东汉〕郑玄注，《礼记注疏》卷五。

⑤ 通"悬"。

⑥ 〔西汉〕司马迁撰，《史记·殷本纪》。

用沈酗于酒，用乱败厥德于下""天毒降灾荒殷邦，方兴沈酗于酒"，① 微子认为正是由于商人酗酒成风，才导致丧德亡国。周人灭商，常以饮酒为戒。《大戴礼记·少闲》说商纣王"荒耽于酒，淫泆于乐"。《尚书·酒诰》载周公禁酒令云："我民用大乱丧德，亦罔非酒惟行。越小大邦用丧，亦罔非酒惟辜。"② 百姓犯上作乱皆因酗酒，大小诸侯国之所以亡国也没有不是因为酗酒造成的。西周康王《大盂鼎》铭文则云："殷甸与殷正百辟，率肆于酒，故丧师。"指出商人酗酒而亡国的故事，以此训诫后人。

不仅贵族耽酒，饮酒之风遍及平民之中。殷墟平民墓葬中常见到陶制的酒器随葬品，据1969—1977年殷墟墓地发掘材料来看，平民墓常发现有陶爵和陶觚，在总数939座墓葬内，出有这种陶制酒器的墓达508座，另有67座墓出土过铜制或铅制的爵与觚，其中编号为第八墓区的55所墓葬中，已有49座墓出土陶爵和陶觚。这些酒器均是墓主人生前喜爱并使用的物品，说明在商朝平民饮酒之风甚盛。

通过分析郑州商城、辉县、温县、殷墟等地不同时期的墓葬，发现其随葬品多以觚、爵等酒器为核心，形成以酒器加炊器、食器、盛器、水器和礼乐器为组合的随葬模式，而且数量极大。武丁时期的一处墓葬中就出土了40—50套。殷墟妇好墓共出土青铜器210件，其中酒器数量约占74%。商人墓葬中不但酒器数量庞大，而且摆放位置很有讲究。如盘龙城李家咀M2商代

---

① 《尚书》卷五。
② 《尚书》卷八。

大盂鼎

前期墓中，酒器大都置于椁内，炊食器都放在椁外。山西灵石旌介 M1 晚商墓出土青铜礼器 23 件，内有十爵四觚一辈均置于椁内，靠近墓主人头部，而其他食器则放在墓主人的足部方向；旌介 M2 晚商墓出土礼器 18 件，其中有 10 件爵、4 件觚摆置在墓主人正前方。① 将酒器摆放在距离主人更近的尊贵位置，反映出饮酒在商人生活中处于核心地位。

值得注意的是，酒在商代可能已经进入流通领域，成为重要商品之一。谯周《古史考》载："吕望常屠牛于朝歌，卖饮于孟津。"② 传闻姜太公仕周之前曾经在孟津卖酒。

总的来说，商代总结与提升了中国的酿酒技艺，出现了规模化生产和商业经营。商朝灭亡后，周王室将殷商遗民驱赶到洛邑，洛邑地狭，许多商人因而从事贸易谋生。因为商族长期从事贸易活动，故后世以商人称呼从事商业贸易之人。酒与酒具是古代主要的贸易物资之一，可以毫不夸张地说，商人不仅丰富了中国酒文化，也是最早的职业卖酒人。

---

① 宋镇豪著，《夏商社会生活史》，中国社会科学出版社 1994 年版，286 页。

② 〔清〕李锴撰，《尚史》卷二十五。

从焦到谯，亳酒的楚风汉俗

治乱兴衰，一个朝代的灭亡总要找个理由，昏君、奸臣、外敌、女色，或者酒。保守的周人认为商朝灭亡最重要的原因就是醉酒，于是发布了中国历史上第一个禁酒令——《酒诰》。从此，中原大地进入了限酒的时代，直到春秋战国时期才逐步松弛。

南方的楚国是一个另类，楚人不接受周王室给予的子爵称号，自行称王，积极扩张，无视天子制定的政治秩序，控制着东临吴越、西接巴蜀、北抵陈宋、南达百越的广阔区域。"昭王南征而不复"，从西周末期开始，楚国都是北方各国的劲敌，时常窥伺中原。

西周初期，周武王封神农之后于焦国，即今亳州（一说今河南陕县）。春秋初期，焦国被陈国所灭，此地属陈国，陈于此建焦城。鲁僖公二十三年（前637），楚国伐陈国，夺取境内的焦城、夷邑（今城父镇）。自此开始，作为楚国进攻中原诸夏的据点，亳州地区纳入了楚文化的范围。

楚人嗜酒、善饮、好客。最直接的证据就是在楚墓中发现的酒器在饮食器皿中所占的比例远高于列国墓中所见。《楚辞·招魂》描述了楚人对酒的钟情："娱酒不废，沈日夜些。兰膏明烛，华镫错些。结撰至思，兰芳假些。人有所极，同心赋些。酣饮尽欢，乐先故些。"

史料记载，"香茅酒"是楚人最喜爱的酒，通常用于进献朝贡、祭祀神灵等重

楚国猪形漆制酒具盒

要场合。殊不知，香茅酒可是古代的"预调鸡尾酒"。香茅酒由不同的酒调和而成：将度数相对较高且酒色纯净的"事酒"与度数较低酒色浑浊的"醴齐"（即米酒）按一定比例混合均匀。调和后再用楚地盛产的一种名叫"苞茅"的植物进行过滤，酒水流过苞茅秆，滤去酒糟，酒色更加清澄，酒味留下苞茅的清香。所得之酒色正味香，堪称佳酿。所以齐桓公大会诸侯后，讨伐楚国的主要理由之一就是"苞茅不贡"，楚国不向周王室进贡用来滤酒的苞茅。

《楚辞·招魂》还记载了更多有趣的饮酒方法。"瑶浆蜜勺，实羽觞些"，晶莹的美酒与甜美的蜂蜜混合，斟满酒杯可以供人大快朵颐。"挫糟冻饮，酎清凉些"，将酒糟滤清，再将酒酿冰冻，以此方法饮酒醇香爽口，通体清凉。冰镇、温饮、勾调、加蜜、加香料，楚人开创的饮酒方法深刻影响了中国古代。

楚国还营建城父，作为进军中原的军事基地。《水经注》云："楚大城城父，使太子建居之。"① 今城父县仍有楚国旧城遗址，

---

① 〔北魏〕郦道元撰，《水经注》卷二十一。

33

该城遗址周长约8公里，亦出土了许多饮酒器，至今在城父还流传着楚灵王醉酒失国的故事。据《史记》记载，楚灵王十一年（前530），"楚伐徐以恐吴，灵王次于干溪以待之"①。楚灵王讨伐与吴国亲近的徐国，希望以此震慑吴国，灵王亲率大军屯兵于干溪。楚军多日攻徐不下，暴师于外，灵王意欲班师回朝。谍报自前线传来，楚军大胜，不久就可以消灭徐国。楚灵王大喜，遂留干溪，役使百姓筑台建设行宫，终日以饮酒游玩、赏景打猎为乐。后楚公子弃疾杀太子称楚平王。楚灵王失国，悲痛无比，终日啼哭，最后自缢于干溪。楚灵王自缢之地干溪，相传位于今亳州市城父南部章华台东侧。干溪北起龙凤沟，向南流入涡阳县境。干溪沟西侧之章华台，又名灵王台、龙台庙，也是亳州市重点文物保护单位之一。顺治《亳州志》、道光《亳州志》和光绪《亳州志》均记载有章华台和干溪事迹。

亳州章华台遗址

---

① 〔西汉〕司马迁撰，《史记·楚世家》。

更为有趣的是"鲁酒薄而邯郸围"的故事，该典故出自《庄子·胠箧》。《淮南子》则解释云："楚会诸侯，鲁赵俱献酒于楚王，鲁酒薄而赵酒厚。楚之主酒吏求酒于赵，赵不与，吏怒，乃以赵厚酒易鲁薄酒，奏之。楚王以赵酒薄，故围邯郸。"① 楚国大会诸侯，鲁、赵两国争相向楚王献酒。楚国的主酒吏垂涎于赵国美酒味醇而美，便索贿于赵，被赵王的使者拒绝，因而心怀妒忌。于是就将赵国的好酒与鲁国的薄酒调包，并向楚王进谗言，楚王对赵国进薄酒十分愤怒，一气之下乃发兵围攻邯郸。这个典故本来寓意无端蒙祸，但也反映出饮酒在楚人文化中的重要地位。

春秋战国时期，酒不再是诸侯和贵族专享的物品，而是走向市场，成为公开售卖的重要商品之一。《论语·乡党》曾载孔子言云"沽酒市脯不食"，即不喝从酒肆买来的酒肉。《韩非子·外储说右上》有一则非常有趣的材料：宋人有酤酒者，升概甚平，遇客甚谨，为酒甚美，县帜甚高。然而不售。酒酸，怪其故，问其所知长者杨倩。倩曰："汝狗猛耶？"曰："狗猛，则酒何故而不售？"曰："人畏焉。或令孺子怀钱，挈壶瓮而往酤，而狗迓而龁之，此酒所以酸而不售也。"② 宋地有一卖酒之人，每次卖酒都量得很公平，对客人殷勤周到，酿的酒香醇可口，店外酒旗迎风招展高高飘扬。然而却没有人来买酒。时间一长，酒都变酸了。卖酒者感到迷惑不解，于是请教住在同一条巷子里的长者杨倩。杨倩问："你养的狗很凶猛吧？"卖酒者说："狗固然凶猛，为什么酒就卖不出去呢？"杨倩回答："人们怕狗啊。大人让孩子揣着

---

① 〔西汉〕刘安撰，《淮南子·缪称训》。
② 〔战国〕韩非撰，《韩非子·外储说右上》。

钱提着壶来买酒,而你的狗却扑上去咬人,这就是酒变酸了、卖不出去的原因啊。"

这里所谓的宋人便泛指商亳大地的酒商,这则材料提供了很多信息。说明早在战国时期,亳州酒业已经懂得重视公平交易和产品质量,悬挂酒旗则是原始的广告形式。养狗护院则说明酿酒业有了非常明确的产权保护意识。

商鞅变法后,秦王朝曾规定:"贵酒肉之价,重其租,令十倍其朴。"① 秦国提高酒肉价格,将酒的租税提高到十倍。秦人提高酒税,自然是为了抑制商人,节省粮食,但也说明当时酿酒业发达,酿酒业承担得起这种超乎寻常的税率。

公元前221年,秦统一六国,改"焦"为"谯",设立谯县、城父县,隶属砀郡。"楚虽三户,亡秦必楚。"灭亡秦王朝的刘、项都来自楚地,建立汉朝的刘邦喜爱饮酒,留下了脍炙人口的《大风歌》。西汉时期,亳州仍设城父县和谯县,归属沛郡。《货殖列传》云:"夫自淮北沛、陈、汝南、南郡,此西楚也。其俗剽轻,易发怒,地薄,寡于积聚。江陵故郢都,西通巫、巴,东有云梦之饶。陈在楚夏之交,通鱼盐之货,其民多贾。"② 淮北沛、陈,包括今天的亳州地区,因为通有渔盐之利,从事商业的人很多。商业发达的地方,酿酒业也不会落寞。

《史记》载当时城市商业云:"通邑大都,酤一岁千酿,醯酱千瓨,浆千甔,屠牛羊彘千皮……贪贾三之,廉贾五之,此亦比千乘之家,其大率也。"③ 交通便利的都邑每年要售卖不计其数的

---

① 〔战国〕商鞅等撰,《商君书·垦令》。

② 〔西汉〕司马迁撰,《史记·货殖列传》。

③ 〔西汉〕司马迁撰,《史记·货殖列传》。

美酒，消耗不计其数的消费品，经商的利润甚至可以匹敌诸侯之家。

除了酿酒业的发展，这一时期的饮酒风俗发生了很大变化。来自楚地的漆器成为社会上最流行的风尚，过去先秦时期流行的簋、豆等青铜食具逐渐消失，樽、杯、卮等漆器日益流行。

东汉时期，亳州地区属沛国，并"置豫州刺史治于此"①。汉光武帝置豫州刺史治所于谯城，以谯城统领豫州之地。辖区包括今河南南部、今淮河以北伏牛山以东的河南东部、安徽北部、江苏西北角及山东西南角。下辖颍川郡、汝南郡两郡，梁国、沛国、陈国、鲁国四国，九十七个县。豫州作为距离首都最近的州，人口有 500 多万，农业发达，贤能辈出，是华夏文明的核心策源地。

平台的大小，制约了个人的成长进程。地域的大小，也决定着城市的兴衰。东汉置豫州刺史部于谯城，这是亳州历史上的一件大事。不了解这个背景，就无法解释东汉末年谯县曹氏家族的大放异彩，就无法解释中古时代亳州的繁荣。

按照现在的话说，刺史部治所相当于今天的省会。亳州自此成为辐射中原地区的"省会城市"，登上了中国历史的核心舞台，亳州酒文化也因之迈入更为辉煌灿烂的阶段。

---

① 〔明〕李先芳等编，嘉靖《亳州志》卷一。

第三章

九酝春酒的划时代价值

曹操与九酝春酒

在中国有文字记载的数千年历史中，有过无数成功的帝王将相，而一个既没有统一华夏，存在时间也仅仅维持了不足 50 年的区域政权奠基者曹操，却吸引了超乎寻常的注意力，这确实是一个意外。

从东汉末年至南北朝的 300 年间，是中国历史最为纷乱的时期。这种混乱不仅表现在政治格局或疆域的变迁，文化上也不例外。得益于两汉的教育积累和学术争论，这一时期的士大夫在历史叙事上表现出可观的主动性，有了不容忽视的表达欲望。而政治格局的目不暇接也让任何一个政权来不及对历史进行充分的建构和净化。以至于这一时期涌现出许多立场、风格迥然不同的作品。仅涉及曹操的作品就有《后汉书》《续汉书》《三国志》《曹瞒传》《魏略》《江表传》《魏氏春秋》《汉晋春秋》《世说新语》等。《三国志》的整理者陈寿出身季汉，连仕魏晋，经历曲折，为人谨慎，著史少文饰而多质朴，为历史人物存留了很多"闲笔"，裴松之注解也采用了开放的态度，为我们充分展现了历史与其主角历史人物的复杂性。

得益于这种背景，曹操作为一个生活在 1800 多年前的政治

家，直至今日仍然保留了非常丰富的史料。曹操不仅曾经身荷政治重担，还亲自指挥作战与参加战斗，写作诗篇，

曹操像

乃至日常生活的细节均有记载流传。古往今来非常罕见，没有多少人像曹操一样有个性，一样被"公开"。

《世说新语》是集中反映魏晋名士的作品，刘备在其中只出现了 1 次，诸葛亮出现了 4 次，孙氏兄弟出现了 3 次，曹操却出场了 19 次，不仅远远高于同时代的著名人物，甚至比不少当世的人物还要多。这说明对曹操的高关注度古来有之。

不同于当时流行的尚一门之学，曹操早年"博览群书，特好兵法，抄集诸家兵法，名曰接要，又注孙武十三篇，皆传于世"①。这种广泛的知识积累为曹操后来的政治生涯奠定了基础，也培养了曹操广泛的乐趣。

曹操的许多传世名篇均为饮酒乘兴而作，其中最具代表性的便是《短歌行》与《对酒》。《短歌行》云：

---

① 〔西晋〕陈寿撰，《三国志·魏书·武帝纪》。

42

对酒当歌，人生几何！譬如朝露，去日苦多。

慨当以慷，忧思难忘。何以解忧？唯有杜康。

青青子衿，悠悠我心。但为君故，沉吟至今。

呦呦鹿鸣，食野之苹。我有嘉宾，鼓瑟吹笙。

明明如月，何时可掇？忧从中来，不可断绝。

越陌度阡，枉用相存。契阔谈讌，心念旧恩。

月明星稀，乌鹊南飞。绕树三匝，何枝可依？

山不厌高，海不厌深。周公吐哺，天下归心。①

　　《短歌行》全诗意境广阔，慷慨激昂，抒发了曹操希望招纳天下贤士的政治抱负。"青青"两句来自《诗经·郑风·子衿》，本意指一个姑娘思慕她的情人。"鹿鸣"两句来自《诗经·小雅·鹿鸣》，本意描写主宾欢宴的场景，曹操均巧妙地借用，表达了对人才的渴慕和爱意，将自己的政治策略用比兴的手法艺术性地表达出来，达到了寓理于情、以情感人的目的。

　　《对酒》云：

对酒歌，太平时，吏不呼门。

王者贤且明，宰相股肱皆忠良。

咸礼让，民无所争讼。

三年耕有九年储，仓谷满盈。

斑白不负载。

雨泽如此，百谷用成。

---

① 〔东汉〕曹操撰，《魏武帝集·短歌行》。

却走马，以粪其土田。

爵公侯伯子男，咸爱其民，以黜陟幽明。

子养有若父与兄。

犯礼法，轻重随其刑。

路无拾遗之私。

囹圄空虚，冬节不断。

人耄耋，皆得以寿终。

恩德广及草木昆虫。①

　　《对酒》是饮宴助兴之作，描述了曹操所追求的政治理想。在他的政治理想中，君圣臣贤，讼狱不兴，五谷丰登，国富民足，路不拾遗，人人皆得寿终。恩泽甚至能波及草木昆虫、万事

魏武祠

①　〔东汉〕曹操撰，《魏武帝集·对酒》。

万物。曹操一般被当作法家的代表，他所描绘的理想却融合了儒家与道家思想。

最为有趣的是曹操祭祀桥玄的故事。建安七年（202），曹操驻军谯郡，与乡人宴饮，并遣使祭祀桥玄，其文云："故太尉桥公，诞敷明德，泛爱博容。国念明训，士思令谟。灵幽体翳，邈哉晞矣！吾以幼年，逮升堂室，特以顽鄙之姿，为大君子所纳。增荣益观，皆由奖助，犹仲尼称不如颜渊，李生之厚叹贾复。士死知己，怀此无忘。又承从容约誓之言：殂逝之后，路有经由，不以斗酒只鸡过相沃酹，车过三步，腹痛勿怪！虽临时戏笑之言，非至亲之笃好，胡肯为此辞乎？匪谓灵忿，能诒己疾，怀旧惟顾，念之凄怆。奉命东征，屯次乡里，北望贵土，乃心陵墓。裁致薄奠，公其尚飨！"① 曹操追忆桥玄昔日之恩德与栽培，并举出桥玄生前令曹操必以鸡酒祭祀，否则便使之腹痛的戏谑之论，颇有风流名士之风。

东汉末年战乱频仍，百姓罹难，社会生产被严重破坏。曹操有诗《蒿里行》曰："铠甲生虮虱，万姓以死亡。白骨露于野，千里无鸡鸣。生民百遗一，念之断人肠。"② 人口锐减，粮食不足，诸侯多有禁酒者。曹操、刘备、吕布等皆曾发禁酒令，禁止私酿私饮，然而却屡有犯禁者。《魏略》云："太祖时禁酒，而人窃饮之。"③ 徐邈"私饮至于沉醉"，触怒曹操。鲜于辅进为之开脱说："平日醉客谓酒清者为圣人，浊者为贤人，邈性修慎，偶醉言耳。"最终得脱。

---

① 〔西晋〕陈寿撰，《三国志·魏书·武帝纪》。
② 〔东汉〕曹操撰，《魏武帝集》。
③ 〔北宋〕李昉等编，《太平御览》卷八百四十四。

孔融特立独行，专与曹操为难。孔融素为贪酒之辈，《续汉书》载："黄巾将至，融大饮醇酒，躬自上马，御之涞水之上。寇令上部与融相距，两翼径涉水，直到所治城，城溃，融不得入，转至南县，左右稍叛。连年倾覆，事无所济，遂不能保障四境，弃郡而去。"黄巾起义，孔融竟依然醉酒，最终不能保全土地百姓。"虽居家失势，而宾客日满其门，爱才乐酒，常叹曰：座上客常满，樽中酒不空，吾无忧矣。"①

孔融讽刺曹操禁酒令，作《与曹丞相论酒禁书》，其文云："夫酒之为德久矣。故先哲王，类帝禋宗，和神定人，以齐万国，非酒莫以也。故天垂酒星之耀，地列酒泉之郡，人著旨酒之德。尧不千钟，无以建太平；孔非百觚，无以堪上圣。樊哙解厄鸿门，非豚肩钟酒，无以奋其怒；赵之厮养、东迎其王，非饮厄酒，无以激其气。高祖非醉斩白蛇，无以畅其灵；景帝非醉幸唐姬，无以开中兴；袁盎非醇醪之力，无以脱其命；定国不酣饮一觚，无以决其法。故郦生以高阳酒徒，著功于汉。屈原不餔醩歠醨，取困于楚。由是观之，酒何负于政哉！"②认为酒是关乎天际人伦的必需品，非酒不可以成就古之圣贤英雄之事迹。将酒摆到了关乎正统的位置上，曹操也不得不做出答复。

曹操著文批驳（原文散佚），孔融回击道："昨承训答。陈二代之祸，及众人之败，以酒亡者，实如来诲。虽然，徐偃王行仁义而亡，今令不绝仁义；燕哙以让失社稷，今令不禁谦退；鲁因儒而损，今令不弃文学；夏商亦以妇人失天下，今令不断婚姻。而将酒独急者，疑但惜谷耳。非以亡王为戒也。"徐偃王因仁义

---

① 〔西晋〕陈寿撰，《三国志·魏书·崔毛徐何邢鲍司马传》。

② 〔南朝宋〕范晔撰，《后汉书》卷一百。

而亡国，今天却不禁绝仁义。燕王哙以谦让丢失社稷，今天却不禁止谦让。鲁国因儒学而损，今天却不禁止儒学。夏商因妇人丢失天下，今天却不禁止婚姻。孔融言辞激烈轻佻，进而批评曹操禁酒，并非为了吸取前代教训，而是为了战争节省军粮，这便触及了曹操的底线，最终被杀。

禁酒之难，非独显于曹操。《三国志》裴注引《九州春秋》载侯成赍酒献吕布的故事："诸将合礼贺成，成酿五六斛酒，猎得十余头猪，未饮食，先持半猪五斗酒自入诣布前，跪言：'闲蒙将军恩，逐得所失马，诸将来相贺，自酿少酒，猎得猪，未敢饮食，先奉上微意。'布大怒曰：'布禁酒，卿酿酒，诸将共饮食作兄弟，共谋杀布邪？'成大惧而去，弃所酿酒，还诸将礼。由是自疑，会太祖围下邳，成遂领众降。"① 吕布因为施行禁酒，批评部将侯成献酒，竟然导致了侯成的反叛。

时人爱酒，乃至以酒寓意人物品鉴。郑泰说董卓，要他"恩信醇著"②。魏文帝诏何夔，称赞其贤可谓"醇固之茂"③。《三国志》裴注赞管宁有醇德。④ 栈潜进谏明帝云："始自三皇，爰暨唐、虞，咸以博济加于天下，醇德以洽，黎元赖之。"⑤ 魏明帝曾下罪己诏道："训导不醇。"⑥ 皆以酒喻德，说明了对酒的格外喜爱，将之寓意美好的品德。禁酒必然是不能持久的。对于曹操而言，禁酒令除了节省粮食的现实需要，还可以进而打击门阀势

---

① 〔西晋〕陈寿撰，《三国志·魏书·吕布张邈臧洪传》。
② 〔西晋〕陈寿撰，《三国志·魏书·任苏杜郑仓传》。
③ 〔西晋〕陈寿撰，《三国志·魏书·崔毛徐何邢鲍司马传》。
④ 〔西晋〕陈寿撰，《三国志·魏书·袁张凉国田王邴管传》。
⑤ 〔西晋〕陈寿撰，《三国志·魏书·辛毗杨阜高堂隆传》。
⑥ 〔西晋〕陈寿撰，《三国志·魏书·明帝纪》。

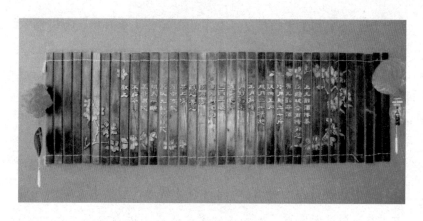

美术作品《九酝酒法》

力。孔融被杀后，禁酒令不久也解除了。

文韬武略的曹操也是一位美食家，对各种美食珍馐很有研究。《太平御览》载曹操著《四时食制》，介绍了多种美食及其制作方法。其中提到了肉羹、鳆鱼、冰瓜、白柰、鸡蛋、芜菁、杏、枣、桃、李、葡萄、韭菜、葱、芹菜、蕹菜、猪肉、狗肉、鸡肉、鲈鱼、鲇鱼、鳣鱼、海鹞鱼、鲚鱼、黄鱼、糕点等食材，并提到了清蒸、风干、凉拌等制作方法。

曹操不仅乐于饮宴，而且还自己酿酒。曹操曾作《上九酝酒法奏》，其文云："臣县故令南阳郭芝，有九酝春酒法，用曲三十斤，流水五石，腊月二日渍曲，正月解冻；用好稻米漉去曲滓，三日一酿，满九斛米止，臣得法，酿之善之，其上清滓亦可饮。若以九酝苦难饮，增为十酿，差甘易饮，不病。今谨上献。"①

曹操向皇帝进献器物和酿酒法，很有可能发生于建安元年（196）。《魏武帝集》载曹操《上杂物疏》和《上器物疏》，曹操

---

① 〔东汉〕曹操撰，《魏武帝集》。

向汉献帝一口气进献了车马仪仗、香炉唾壶等数百种器具。① 李
傕郭汜作乱后，"宫室烧尽，百官披荆棘，依墙壁间。州郡各拥
强兵，而委输不至，群僚饥乏，尚书郎以下自出采稆，或饥死墙
壁间，或为兵士所杀"②。汉献帝君臣被迫流浪，完全失去了帝王
的体面。曹操这时迎接汉献帝，并进献各种器物和酿酒方法，解
决了汉献帝君臣器用匮乏的窘境。

　　建安十四年（209），曹操"军至谯，作轻舟，治水军。秋七
月自涡入淮，出肥水，军合肥"③。曹操在涡河北岸设立屯田所，
训练军队，实施屯田，其地后名为谯令谷。嘉靖《亳州志》载：
"谯令谷，在东北三十里。魏武所筑，有谯令碑。"④ 光绪《亳州
志》又载云："南曹寺，在城北三十里"，"北曹寺，在南曹寺之
北二里。天启甲子年重修，碑称旧系曹操屯兵处。居民立寺祈
福，志所自也"。⑤ 谯令谷、南曹寺与北曹寺皆位于城北三十余

---

　　① 《上器物疏》载：
　　御物三十种，有纯银参带台砚一枚。
　　御物有漆画韦枕二枚，贵人公主有黑漆韦枕三十枚。
　　御物三十种，有纯金香炉一枚，下盘自副；贵人公主有纯银香炉四枚，
皇太子有纯银香炉四枚，西园贵人铜香炉三十枚。
　　御杂物用，有纯金唾壶一枚，贵人有纯银参带唾壶三十枚。
　　御杂有漆圆油唾壶四枚。
　　御杂物有纯银澡盘，又有容五石铜澡盘。
　　御物有纯银镂带漆画书案一枚。
　　御物三十种，有上车漆画重几大小各一枚。
　　御杂物用有纯银澡豆套，纯银括镂套。
　　御物有银镂漆匣四枚。
　　油漆画严器一，纯金参带画方严器一。
　　② 〔北宋〕司马光等撰，《资治通鉴》卷六十二。
　　③ 〔西晋〕陈寿撰，《三国志·魏书·武帝纪》。
　　④ 〔明〕李先芳等撰，嘉靖《亳州志》卷一。
　　⑤ 〔清〕钟泰、宗能征等撰，光绪《亳州志》卷二。

北曹寺遗址

里，后两者今仍存于古井张集一带。考证文献可以发现，三者相合，说明曹操屯田练兵之所谯令谷就在古井镇附近。

曹魏屯田生产的产品不仅有粮食，还包括兵器、丝织品和酒等手工业产品。《晋书》载阮籍"闻步兵厨营人善酿，有贮酒三百斛，乃求为步兵校尉"[①]。阮籍听说屯田所有营人善于酿酒，于是便要求出任步兵校尉之职，可知军屯酿酒。曹操是九酝春酒的开创者，曹操驻军谯令谷酿造九酝春酒也在情理之中。回过头来看阮籍求官的材料，说明九酝春酒之法广传于曹魏，阮籍为了喝上九酝春酒，便求步兵校尉之职。

考古发现也能证实曹操家族好酒。在对曹操家族墓葬的发掘中，于曹操之父曹嵩墓葬中曾经出土了青瓷罐、铜耳杯和陶壶等酒具。还出土了许多记载有文字信息的墓砖，如"沽酒各半各"，

---

① 〔唐〕房玄龄等撰，《晋书·阮籍传》。

50

它所说的是两个造墓的小吏一起打酒，酒钱一人付一半的意思，酒打回来以后一人喝一半，具有很浓厚的生活气息。还有一块砖的刻词是"尧饮枚千钟（通盅）"，或是说一个姓尧的小吏酒量非常大，猜枚能喝千盅酒，这也是一种夸张的比喻。

华佗发明麻沸散，也以酒为引，《后汉书·华佗传》载："若疾发结于内，针药所不能及者，乃令先以酒服麻沸散，既醉无所觉，因刳破腹背，抽割积聚。"华佗是曹操的老乡，两人都生于以酿酒闻名的谯县（今安徽亳州）。可以说，酒启迪了古代外科手术的发展，使中国的外科手术领先世界 600 年。华佗《青囊经》一定会有对酒的医用记载，可惜这部书随着华佗被曹操所杀而未能传世。

酒对于曹操而言，是一种个人爱好，更是一种精神自由的必需品。曹操之后，文人雅士好酒成为常态，乃至有纵酒任诞的名士之风。或有以酒逞英豪，或有以酒放形骸。曹操饮酒好酒，写酒酿酒，可谓中国酒文化的翘楚，曹操因而被亳州人尊奉为古井贡酒酒神。跟随着古井贡酒的足迹，曹操与美酒的故事还在延续。

"沽酒各半各"字砖拓片

51

魏晋诗酒与酒文化升华

魏晋时期，饮酒之风盛行。贪杯醉酒之人，不可胜数。

不同于西汉饮酒的保守与严肃，自东汉末年以来，饮酒成为最重要的社会活动之一。乐饮之风源头还要追溯到曹氏家族身上。

曹操不仅自己喜欢饮酒作诗，还鼓励和督促身边的人饮酒作诗，甚至要求身边的人比试诗艺。曹丕在《与吴质书》中写道："每至觞酌流行，丝竹并奏，酒酣耳热，仰而赋诗。当此之时，忽然不自知乐也。"曹操、曹丕和曹植三人均作有《善哉行》，曹植与曹丕均作有《登台赋》，曹植、应玚与王粲等人均作有《公宴诗》，如此尔尔，便是在这种对酒酬唱的酒风中形成的。曹操本人不仅是建安文学的庇护者，还是魏晋南北朝以来公宴诗的开创者。建安文学在长期战乱、社会残破的背景下得以勃兴，同他的重视和推动是分不开的。著名文学评论家刘勰在论述建安文学繁荣原因时，就曾指出："魏武以相王之尊，雅爱诗章。"[1] "汉末名人，文有孔融，武有吕布，孟德实兼其长。"[2] 饮酒必须作诗助兴，也成为后世文人墨客不成文的约定。

---

① 〔南朝齐〕刘勰撰，《文心雕龙·时序》。
② 〔明〕张溥编，《汉魏六朝百三家集·题辞》。

在曹操影响下，他的儿子曹丕与曹植也是好酒之人。《三国志》中记载了许多曹丕赐酒饮宴的故事。曹丕为太子之时，就喜欢宴饮，以此结交朝野。曹丕云："酌玄清于金罍，腾羽觞以献酬。"①《典略》载："太子尝请诸文学，酒酣坐欢，命夫人甄氏出拜。"②《三国志》裴注载曹丕召吴质及曹休欢会，"命郭后出见质等。帝曰：'卿仰谛视之。'其至亲如此"。曹丕与士人饮酒，兴起之时竟令妻子出来拜见客人。这种行为在古代是很不常见的，古人奉行男女授受不亲，即使是亲属，男女也不能共食，不可同席。放在其他人身上，这都是违背礼法的昏君之行，后世还有玉体横陈的案例，曹丕的真性情更可见一斑。

延康元年（220），曹丕南征孙权，驻军谯郡，"飨六军及谯父老百姓于邑东。《魏书》曰，设伎乐百戏，令曰：'先王皆乐其所生，礼不忘其本。谯，霸王之邦，真人本出，其复谯租税二年。'三老吏民上寿，日夕而罢。"③曹丕大飨六军与谯郡百姓，并免除谯郡租税二年。曹丕作《于谯作诗》，纪念当时饮宴的盛景。其文云："清衣延贵客，明烛发高光。丰膳漫星陈，旨酒盈玉觞。弦歌奏新曲，游响拂丹梁。余音赴迅节，慷慨时激扬。献酬纷交错，雅舞何锵锵。罗缨从风飞，长剑自低昂。穆穆众君子，和合同乐康。"④

据道光《亳州志》记载，曹丕在谯县建大飨堂，并树立大飨碑。碑文由曹植撰写，钟繇书丹，梁鹄篆刻，故又称"三绝碑"。

---

① 〔魏〕曹丕撰，《魏文帝集·济川赋》。
② 〔西晋〕陈寿撰，《三国志·魏书·王卫二刘傅传》。
③ 〔西晋〕陈寿撰，《三国志·魏书·文帝纪》。
④ 〔魏〕曹丕撰，《魏文帝集》。

曹丕此次在家乡宴请父老带有很强的政治含义。汉高祖刘邦统一中国后，曾经在家乡沛县宴请父老，并作《大风歌》，尽显王者气概。光武帝刘秀夺得天下，也曾回家乡举办宴会。曹丕继承魏王后有代汉之心，除了利用谶纬来解释统治合法性，或有效法前人之心，举办饮宴来凝聚人心、宣示天下。通过古籍我们得知，曹丕这次南征只是一次政治秀，根本没有与吴国发生正面冲突。四个月之后，曹丕登受禅台称帝，改元黄初，改雒阳为洛阳，大赦天下。由此来看，谯郡的这场饮宴作用更显得特殊而重要。

黄初五年，吴质入朝，曹丕竟然令大小官员在吴质府会饮。"诏上将军及特进以下皆会质所，大官给供具。酒酣，质欲尽欢。时上将军曹真性肥，中领军朱铄性瘦，质召优，使说肥瘦。真负贵，耻见戏，怒谓质曰：'卿欲以部曲将遇我邪？'骠骑将军曹洪、轻车将军王忠言：'将军必欲使上将军服肥，即自宜为瘦。'真愈恚，拔刀瞋目，言：'俳敢轻脱，吾斩尔。'遂骂坐。质案剑曰：'曹子丹，汝非屠几上

历代帝王图之曹丕

54

肉，吴质吞尔不摇喉，咀尔不摇牙，何敢恃势骄邪？'铄因起曰：'陛下使吾等来乐卿耳，乃至此邪！'质顾叱之曰：'朱铄，敢坏坐！'诸将军皆还坐。铄性急，愈恚，还拔剑斩地。遂便罢也。"①

酒酣饭饱，曹丕的宠臣吴质觉得一群纯爷们聚会少了乐子，不能尽兴，忽然发现曹真过胖似猪，朱铄太瘦如猴，对比鲜明。吴质马上找来倡优，让他们即兴说肥道瘦。曹真、朱铄等重臣感觉受到侮辱，宴会不欢而散。

与曹操相似，曹丕也精通酿酒。《艺文类聚》载曹丕葡萄酒之论："中国珍果甚多，且复为蒲萄说，当其朱夏涉秋，尚有余暑，醉酒宿醒，掩露而食，甘而不饴，脆而不酢，冷而不寒，味长汁多，除烦解渴；又酿以为酒，甘于鞠蘖，善醉而易醒。道之固已流涎咽唾，况亲食之邪！他方之果，宁有匹之者。"② 曹丕现身说法，盛赞葡萄美味，讲述了葡萄酒酿造方法。

鉴于饮酒无度之风渐行，曹丕又作《酒诲》一篇，这是继《酒诰》之后又一篇系统研讨饮酒行为的作品。文曰："孝灵之末，朝政堕废，群官百司，并湎于酒，贵戚尤甚，斗酒至千钱。中常侍张让子奉为太医令，与人饮酒，辄掣引衣裳，发露形体，以为戏乐。将罢，又乱其舄履，使小大差，无不颠倒僵仆，委跌手足，因随而笑之。洛阳令郭珍，居财巨亿。每暑夏召客，侍婢数十，盛装饰，被罗绮，袒裸其中，使之进酒。荆州牧刘表，跨有南土，子弟骄贵，并好酒，为三爵：大曰伯雅，次曰中雅，小曰季雅。伯雅受七胜，中雅受六胜，季雅受五胜。又设大针于杖端，客有醉酒寝地者，辄以刺之，验其醉醒，是酷于赵敬侯以筒

① 〔西晋〕陈寿撰，《三国志·魏书·王卫二刘傅传》。
② 〔唐〕欧阳询等编，《艺文类聚》卷八十七。

酒灌人也。大驾都许，使光禄大夫刘松北镇袁绍军，与绍子弟日共宴饮。松尝以盛夏三伏之际，昼夜酣饮极醉，至于无知，云以避一时之暑。二方化之，故南荆有三雅之爵，河朔有避暑之饮。"①

曹丕举出张奉、刘表和刘松饮酒乱政的故事，其意在劝诫士人讲究酒德，饮酒以度。其中刘表以伯雅、中雅与季雅为三种饮酒规格的典故，成为后世酒徒的知名典故。

若以曹操为豪饮，曹丕为乐饮，曹植大概是文人滥饮的典型。曹植曾作《酒赋》，其文云："余览扬雄《酒赋》，辞甚瑰玮，颇戏而不雅，聊作《酒赋》，粗究其终始。嘉仪氏之造思，亮兹美之独珍。仰酒旗之景曜，协嘉号于天辰。缪公酣而兴霸，汉祖醉而蛇分。穆生失醴而辞楚，侯嬴感爵而轻身。谅千钟之可慕，何百觚之足云！其味亮升，久载休名。宜成醪醴，苍悟缥清。或秋藏冬发，或春酝夏成。或云沸川涌，或素蚁如萍。尔乃王孙公子，游侠翱翔。将承欢以接意，会陵云之朱堂。献酬交错，宴笑无方。于是饮者并醉，从横喧哗：或扬袂屡舞，或扣剑清歌。或𩪍蹴辞觞，或奋爵横飞。或叹骊驹既驾，或称朝露未晞。于斯时也，质者或文，刚者或仁；卑者忘贱，窭者忘贫；和睚眦之宿憾，虽怨雠其必亲。于是矫俗先生闻之而叹曰：噫，夫言何容易！此乃淫荒之源，非作者之事。若耽于觞酌，流情纵佚，先生所禁，君子所斥。"②曹植追溯酒的历史，指出酒对于社会生活的必不可缺的作用，能使人们忘却等级身份的界限尽显欢愉。酿酒者无罪，然酗酒却会造成祸乱。

---

① 〔宋〕李昉等编，《太平御览》卷四百九十七。
② 〔魏〕曹植撰，《曹子建集》卷四。

"或秋藏冬发，或春酝夏成。或云沸川涌，或素蚁如萍。"指出有的酒秋天酿制到冬天酒熟，有的酒春天酿制到夏日方成。其形貌如云沸潮涌，或浮着白蚁浮萍一般的泡沫。曹植在《酒赋》中对酿酒的方法和形貌如此熟悉，可见曹植也精通酿酒之法。

然而现实生活中的曹植饮酒却与其《酒赋》中的意旨大相径庭。曹植本为曹操所宠爱，"几为太子者数矣"，却"任性而行，不自雕励，饮酒不节"。① 饮酒无度，乃至于"尝乘车行驰道中，开司马门出"。曹植擅自开司马门，在御道上行车，触怒曹操。曹植的任性荒诞与曹丕的恭谨有礼形成对比，最终失去了王位继承权。曹丕即位后，打击诸侯贵戚，曹植"兼不得志，乃以酒消愁"。黄初二年，属官举报曹植"醉酒悖慢，劫胁使者"，终日醉酒，对待朝廷官员态度傲慢，曹植被削为安乡侯。"植常自愤怒，抱利器而无所施"，最后抑郁而终。

无独有偶，此时滥饮已在士大夫之中比比皆是了。丁冲曾谏曹操迎汉献帝，曹操与之友善。后竟"数来过诸将饮，酒美不能止，醉烂肠死"②。由于滥饮无度，乃至于醉死。建安二十年（215），曹操征伐汉中，以曹洪为将。"洪置酒大会，令女倡著罗縠之衣，蹋鼓，一坐皆笑。"杨阜厉声斥责曹洪说："男女之别，国之大节，何有于广坐之中裸女人形体！虽桀、纣之乱，不甚于此。"③ 曹洪置酒高会，亵玩妇人，被杨阜所劝止。魏文帝时，王凌检举满宠"年过耽酒，不可居方任"，曹丕不以为意，并召见

---

① 〔西晋〕陈寿撰，《三国志·魏书·任城陈萧王传》。
② 〔西晋〕陈寿撰，《三国志·魏书·任城陈萧王传》。
③ 〔西晋〕陈寿撰，《三国志·魏书·辛毗杨阜高堂隆传》。

赐酒，满宠"饮酒至一石不乱，帝慰劳之"。① 其后，"大将军曹爽专朝政，日纵酒沉醉"②。曹爽因醉酒乱政，乃被司马懿所诛。

曹氏家族对酒的喜欢直接影响了魏晋时期的名士做派。循规蹈矩、道貌岸然的传统道德，似乎成了玩笑，越来越多的名士选择了叛逆。鲁迅先生将魏晋风流总结为了"药与酒""姿容""神韵"，李泽厚先生又补充了"必须加上华丽好看的文彩词章"。

竹林七贤就产生于这样一个历史背景之下，他们都以饮酒服药而闻名。七贤，即嵇康、阮籍、山涛、向秀、刘伶、阮咸和王戎。在曹魏正始、嘉平年间，他们经常相聚于竹林之下清谈饮酒，因此得名。

《高逸图》之阮籍

---

① 〔西晋〕陈寿撰，《三国志·魏书·满田牵郭传》。
② 〔西晋〕陈寿撰，《三国志·魏书·王毌丘诸葛邓钟传》。

嵇康是谯国铚县人，也是竹林七贤的领袖。山涛在赞美嵇康的醉态时说："其醉也，傀俄若玉山之将崩。"人的学问大了，知名度高了，连喝醉的姿势都是那样与众不同，被喻为"玉山将崩"。此时醉中的嵇康，正好"坐中发美赞，异气同音轨。临川献清酤，微歌发皓齿。素琴挥雅操，清声随风起……"（嵇康《酒会诗》），这是何等的风流快意！耿介孤傲，鄙夷俗情，是嵇康最主要的性格特征。与其他几人的酣饮不同，嵇康颇有几分微醺酒仙的风采。

他在《家诫》一文中告诉家人说："不强劝人酒，不饮自己；若人来劝己辄当为持之，勿稍逆也。见醉熏熏便止，慎不当至困，不能自裁也。"大意是说别人好心请我们饮酒吃肉，这是人们相互交往的常情，要参加，不可轻易地拒绝。在酒宴上，千万别干自己怕醉不喝却强劝别人多喝的事。若别人劝自己饮酒，要勉力为之，不要流露出一点儿不高兴的样子。感到微醺的时候就不要再喝下去。千万不要被酒所困，以致丧失理智。这可以看作嵇康饮酒应酬的原则，不是深懂人情世故的人难有这种见解。

东晋名士王恭有一句名言："名士不必须奇才。但使常得无事，痛饮酒，熟读《离骚》，便可称名士。"也就是说，名士的外在表现是，无所事事，酣畅饮酒，又能清谈人生的困惑、生死与说不清、道不明的玄妙追求。从曹氏家族开始，文人墨客开始主动地求醉，饮酒作诗，中国文化的诗酒大会自此开篇。酒也从日常生活的饮品，蜕变为名士风度的试金石，升华为精神文化的象征。

九酝酒法的传承与发展

五胡十六国与其后的南北朝是中国历史第一个大分裂时期，也是一个民族大融合的阶段。北方胡汉杂处，入主中原的胡人实现了曲折汉化。躲避战乱的中原衣冠迁徙到南方后，与越蛮俚僚等少数民族自然融合或强制融合，将汉化的成果深入传播。这个历史时期改变了中原地区集天下之英的态势，将华夏文明的成果分享于各地。以九酝酒法为代表的酿造技艺也因此传播到祖国大地。

自东汉时期开始，为了扩充兵员与劳动力，朝廷将寓居北方的少数民族大量内迁。到了西晋时，中国北部、东部和西部，尤其是并州和关中一带，大量胡族与汉族杂住。史书记载"西北诸郡皆为戎居"①，关中百万余口"戎狄居半"，对首都洛阳呈现半包围态势。八王之乱后，晋朝失去了在地方的影响力，少数民族纷纷趁机举兵，建立割据政权。北魏统一中国北方后，与南朝形成对峙，虽然无法最终实现统一，但都以华夏正统自居。

守江先守淮，守淮先守亳。亳州是沟通南北的关键通道，这

---

① 〔唐〕房玄龄等撰，《晋书·北狄传》。

60

一时期的亳州战事频仍，南北政权在这里争夺拉锯。为了便利战事，许多政权在亳州设置了管辖机构，因此一地多名，先后建立过南兖州、小黄、梅城等多个建置，地名改窜，不可胜数。

南北朝时期对亳州酿酒业产生影响的有两件大事。先表第一件：梁武帝中大通四年（532），高欢派遣樊子鹄攻谯城，与梁将元树在此地进行了多次拉锯战。相传樊子鹄手下大将独孤信战败，将其武器金铜长戟投于一口战场旁边的井中。这口井便是今日"古井"之由来。然而元树的好运并不长，樊子鹄动用了更多的兵力进行对元树的包围，元树无法脱困，向北魏提出愿让出以前占有的土地。樊子鹄假意同意，在元树出城一半时，突然进行袭击，俘虏了元树，后元树在魏地企图逃跑，被杀。元树曾被封为咸阳王，死后葬于此地，百姓称之为咸王冢，后讹传为减王冢，亦称减冢店。冢有坟墓的意思，避讳称减店。1987 年因为古井贡酒盛名远播，原减店集更名为古井镇。

相传北魏太和年间，北魏大将夏侯道迁将九酝春酒进献给北魏皇帝。夏侯道迁，亳州人，曾任北魏前军将军、南谯太守等。《魏书》说他"专供酒馔，不营家产"[1]。夏侯道迁深受孝文帝器重，便将亳州所产九酝春酒献给孝文帝。

第二件大事便是《齐民要术》对九酝酒法的记载与传播。《齐民要术》是中国现存最早的一部系统完整的古代农学名著，在我国乃至世界农业科学技术史上有着极其重要的地位。它总结了黄河中下游自古以来至北魏时期的农业生产技术的成就，介绍了古代农产品加工、酿造、烹调、果蔬贮藏的配方与技法，并初

---

① 〔北齐〕魏收撰，《魏书·夏侯道迁传》。

北魏古井遗址

步建立了农业科学体系。对于传统酿造技术，以其严谨、科学与完备的记录让后人称道，所记载的制曲方法一直沿用至今，是当今制曲技术的基石。

《齐民要术》详细记载了9种酒曲的制作方法。其中8种是麦曲，有1种是用谷子（粟）制成的。从制作技术及应用上分为神曲、白醪曲、笨曲三大类。其中神曲的糖化发酵力最高，"此曲（指神曲）一斗杀米三石，笨曲杀米六斗，省费悬绝如此"[①]（注："杀米"指米的消化，即糖化发酵）。有的神曲一斗甚至可杀米四石，用量之少在历史上是罕见的，这说明《齐民要术》中所记载的神曲中含有相当丰富的根霉菌和酵母菌。笨曲是相对神曲而言，指其酿酒效率远为逊弱，此外曲型特大，配料单纯。日本著名的生物工程专家、东京大学名誉教授坂口谨一郎据此认为，对酶的利用，可与中国古代的四大发明相提并论。[②]

《齐民要术》书影

---

① ［北魏］贾思勰撰，《齐民要术》卷七。

② 傅金泉著，《中国酒曲技术的发展与展望》，《酿酒》2002 年第2 期。

从制曲技术上来说，《齐民要术》记述的成品，大都制作成块曲。块曲的制造比散曲进了一大步，操作相对复杂，工序也较长。从性能上看，块曲明显优于散曲，更适于复式发酵法，即在糖化的同时，将糖化所生成的糖分转化成酒精。酒曲的不同部位可以生成不同的微生物，块曲能够让各种微生物更紧密地拥簇在一起，比如说酿酒性能较好的根霉菌就喜欢在块曲中生存并繁殖。培育根霉菌，对于提高酒精浓度意义重大。

汉晋时代的饼曲，大多手捏制作。《齐民要术》记载的块曲制作已经使用了专门的曲模，当时称之为"范"。其中有圆铁范，径五寸，厚一寸五分，放之平板上，踏成曲饼。也有方范，如河东神曲制曲饼，就是"方范作之"。使用曲模，不仅能够减轻劳动强度，提高产业效率，更重要的是可以统一曲的外形尺寸，保证酒曲生产的标准化。

制曲中加入药材，是中国制曲工艺的一大特色。《齐民要术》对此曾着重记述，如大州白堕方饼法加桑叶、胡葈叶和艾叶为曲药，制作白醪曲时需煮胡葈汤，其中河东神曲方加入的药材最多，有桑叶、苍耳、艾叶、茱萸（或野蓼）。胡葈即"苍耳"，其叶用作曲药。

《齐民要术》对制曲环境的要求比较严格，特别强调制曲房屋的卫生干净，要求曲房远离民居，以避免杂菌感染；草屋曲房的木板门要加泥封，保持适当的温度和湿度，以适宜菌种繁殖；同时要求制曲者要保持个人卫生，身上不能肮脏；团曲要当日使用，不得隔宿，以保持霉菌新鲜。这些要求反映了北朝时期在酿酒制曲工艺方面已具有很高的科学标准。

《齐民要术》记述的造酒法有 43 种，其中神酒法 9 种，酿白

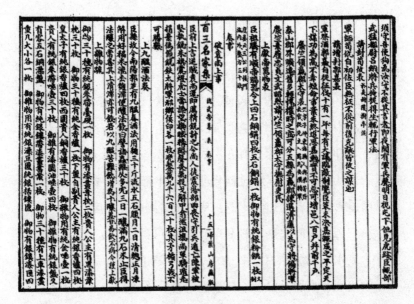

《魏武帝集》书影

醪酒法 1 种，笨曲酒法 26 种，法酒法 7 种。工艺大体相同，都属于米酒酿造。所不同者，主要表现在曲种选择、原料比例、入酿时间、成熟周期和酝酿繁易等方面，以此而形成不同的酒品种。

《齐民要术》详细记载了九酝酒法的内容，广为传播推介，并提出了一系列改进方案，即法酒。《齐民要术》云："酿法酒，皆用春酒曲。"很多人喜欢按照官方颁布的酿造程式，采用统一标准来酿酒，贾思勰称其为"法酒"。在其后很长一段时期内，"法酒"成为古代酿酒业中标准化的概称。如黍米法酒、作当梁法酒和秫米法酒等，这些方法大同小异，都来自九酝酒法。

九酝酒法主要有这样几个特点：

第一，九酝酒法的用曲方法已经接近今天的霉菌深层培养法。九酝酒法通过控制投曲和投粮的比例和时间来控制酒的酒精度，其用曲量（30 斤）只有原料米（九斛）的 3%。这表明当时已利用根霉酿酒了。根霉能在醅中不断地繁殖，不断地把淀粉分解成葡萄糖，酵母则把葡萄糖变成酒精。"九酝酒法"已是现代酿酒常用的霉菌深层培养法的雏形。

第二，九酝酒法的原料使用方法与今天的酒醅用料法类似。九酝酒法中提到"三日一酿，满九斛米止"，将原料分散地进行投放，这和今天的连续投料方法如出一辙。即在酒醅中通过不断投入若干比例的原料，经过糖化分解，补充酒醅中的糖分，使得酵母菌能够保持在理想的比例，从而提升酒的酒精度。

第三，九酝酒法是一种科学严谨的可操作方法。"法用曲三十斤，流水五石，腊月二日渍曲，正月解冻。"意思是说，用三十斤曲、五石水加上粮食进行浸泡混合，这之后会冻在一起，经历从腊月到正月一个月的发酵期。"三日一酿，满九斛米止"，然后每三天投放一次原料。在汉代，一石等于60公斤（汉代，三十斤为钧，四钧为石。——《汉书·律历志》），计算来看，除了要准备大量粮食，还要使用30斤的曲、300公斤重量的水混合）这么大的粮食用量，这么长的发酵周期相比于汉代有重大改进。直至今日，以绍兴黄酒为代表的产品仍然参照其方法生产。

九酝酒法在后世得到了普及。西晋名士张华善于酿酒，酿成的九酝春酒醇烈异常，又称作"消肠酒"。据说人喝醉了必须要不停地摇晃身体，否则会让人肝肠消烂。有一次张华用九酝春酒招待一位久别的老友，仆人忘记给他的老友翻身，第二天酒就穿破老友的肚肠，流了一地，当场身亡。当时还有"千日酒"，号称酒量大的人喝一杯就能醉三年，一般人闻一闻能醉三个月。

南朝诗人鲍照《拟行路难·其六》云："对酒叙长篇，穷图运命委皇天，但愿樽中九酝满，莫惜床头百个钱。"中唐诗人元稹《西凉伎》就有"哥舒开府设高宴，八珍九酝当前头"的诗句。白居易《轻肥》里用"樽罍溢九酝，水陆罗八珍"来形容宫廷生活的奢靡。这样的记载汗牛充栋，说明九酝春酒在魏晋之后广泛流传，成为美酒的代言词。

第四章

唐宋两朝亳酒兴盛

从亳州到望州

提起亳州，人们往往想到老子、庄子、曹操和华佗，或者花戏楼、南京巷钱庄等明清古建筑，似乎亳州文化的成绩主要集中在春秋战国和晚清的两端，唐宋时期的亳州几乎没有存在感。

然而考究典籍，唐宋时期的亳州完全超出了今天我们的想象。

北周建德六年（577），北周灭北齐，亳州归属北周，北周于南兖州设总管府，治小黄县，柱国杨坚为首任总管。北周大象元年（579），因其地古为商汤南亳故地，遂改南兖州为亳州，兼置陈留郡，亦治小黄县。隋大业三年（607），改小黄县为谯县，撤梅城县，辖地并入谯县；改亳州为谯郡，辖谯、城父、山桑、临涣、永城、鄸县、谷阳七县。

唐武德四年（621），谯郡更名为亳州，下辖谯县（今谯城区）、山桑县（今蒙城县）、城父县（今谯城区城父镇）、临涣县（今安徽濉溪临涣镇）、鄸县（今河南永城鄸城镇）、鹿邑县（今河南鹿邑县西南）、永城县（今河南永城）、真源县（今鹿邑县）八县。唐代亳州有"望州"之称。这一行政区划维持到明初，延续了一千多年。

唐代各州分上中下三级，其官吏品级亦不同。《旧唐书》载唐代曾"置两辅六雍十望十紧"①，不仅表明了政府的重视程度，也反映出该州的社会经济发展水平。按照今天的观点，望州大概相当于经济发达的副省级城市。

大亳州的行政区划，带动了古代亳州的繁荣。唐朝统治者追认老子为始祖，以太清宫老子庙为太庙，并设提点一职。"贞观十一年七月丙午，给亳州老子庙户一十，以奉享纪。高宗乾封元年二月己未如亳州，祀老子，追号太上混元皇帝。睿宗景云二年四日甲辰，作混元皇帝庙。"② 唐玄宗李隆基亦曾亲谒老子庙，为老子上尊号"大圣祖高上金阙天皇大帝"，改庙名为太清宫，又亲手为五千言《道德经》作注，刻石立于太清宫。此后曾拜谒太清宫的还有肃宗、代宗、德宗、宪宗、穆宗、敬宗、文宗、武宗、宣宗等九位帝王，其事详细记载在嘉靖《亳州志》中，并见于《旧唐书》及《资治通鉴》。有唐一代，对太清宫的封谒极为频繁，亳州俨然成为唐代的宗教中心。

宋代亳州依然是国家最为重要的宗教中心，"建隆二年，亳州献芝草，翰林学士王著上颂。开宝七年，朝谒太清宫。诏举亳州开封张观等五十人"③。宋真宗对道教尊崇有加，亳州是道教鼻祖老子的诞生地，加上亳州在宋真宗组织的献"祥瑞"活动中，做出突出贡献，向皇帝举献灵芝三万七千枝，于是宋真宗决定临幸亳州。据《宋史·真宗本纪三》记载："大中祥符元年，秋七月……己酉，亳州官吏父老三千三百人诣阙请谒太清宫。八月庚

---

① 〔后晋〕刘昫等撰，《旧唐书》卷十七。
② 〔南宋〕王应麟撰，《玉海》卷一百二。
③ 〔明〕李先芳等撰，嘉靖《亳州志》卷一。

申，诏来春亲谒亳州太清宫。辛酉，以丁谓为奉祀经度制置使。丙寅，禁太清宫五里内樵采。庚午，加号太上老君混元上德皇帝……冬十月，甲子，亳州太清宫枯桧再生。真源县菽麦再实。十一月甲寅，判亳州丁谓献芝草三万七千本。七年春正月丙午，次奉元宫。判亳州丁谓献白鹿一，芝九万五千本。戊申，王旦上混元上德皇帝册宝。己酉，朝谒太清宫。天书升辂，雨雪倏霁，法驾继进，佳气弥望。是夜，月重轮，幸先天观，广零洞霄宫。曲赦亳州及车驾所经流以下罪。升亳州为集庆军节度，减岁赋十之二。改奉元宫为明道宫。太史言含誉星见。庚戌，御均庆楼，赐酺三日。壬子，诏所过顿，递侵民田者，给复二年，二月辛酉，至自亳州。"

宋太祖和宋真宗皆曾亲至亳州拜谒太清宫，其中宋真宗在亳州曾举行大宴，还为亳州城门桥梁赐名，灵津渡之名即得自于真宗。其事亦见于《宋史》和《续资治通鉴长编》等。大中祥符七年（1014），宋真宗谒太清宫，并亲临亳州。相传原籍亳州的大臣鲁宗道向宋真宗进献九酝春酒，宋真宗大喜，宋真宗还"赐州城西门名朝真楼曰奉元，北门名均禧楼曰均庆，北门涡水桥曰灵津，东涡水桥曰崇真"。朝廷频繁往来于亳州，在亳取采贡品，唐宋时期，国家宗教中心的地位极大地促进了亳州酿酒业的发展。

除了宗教中心，唐宋亳州的交通与商业也发展到了新的层次。有两首古诗说得很好，形象地反映出当时亳州水运的发达。唐人姚合《送裴大夫赴亳州》云："谯国迎舟舰，行歌汴水边。"孟浩然《适越留别谯县张主薄申屠少府》云："朝乘汴河流，夕次谯县界。"早晨从汴河出发，晚上就能到达亳州。生动地说明了当时亳州是沟通黄河和淮河流域的重要水运通道。此时的涡河与隋唐大运河的通济渠平行，起到相互补充的作用。

今日灵津渡

考古发现亦可佐证亳州商业的繁盛，1974 年，在涡河北岸发掘两座隋墓，曾出土一件骆驼俑，身上驮着丝绸卷及粮食，同墓出土的还有胡人俑。这说明亳州丝绸可能早在隋代就与西域发生贸易关系，畅销西域。考古发现还在亳州出土了包括"开元通宝""乾元通宝""太平通宝"等多达数十种货币，反映出亳州商业的繁荣。

《宋史·地理志》载亳州贡绉纱和绢等。《宋史新编》则载："亳州又贡丝绵缣帛各二十万，后集粟塞下至巨万斛。"① 亳州一地供奉各种丝织品多达八十万匹，粮食巨万斛，由此可见当时亳州工商业发达之盛状。陆游《老学庵笔记》云："亳州出轻纱，举之若无，裁以为衣，真若烟雾。一州唯两家能织，相与世世为婚姻，惧他人家得其法也。云自唐以来名家，今三百余年矣。"② 亳州丝织业品质之优为时人所钦慕，而且还出现了行业传统和品牌效应，自唐至宋几百年经久不衰。由此可知，亳州在唐宋时期是最为重要的丝织业产地之一，在市场上享有盛名。

唐末出现藩镇格局，地方租税不贡于中央，朝廷为了扩大财税，设立榷酒钱，将酒税作为重要的财政收入来源。唐代宗广德二年（764），令酿酒户按月缴纳酒税。后又实行酒曲专卖，征榷酒钱。曾任亳州刺史的裴谞便任盐铁使，主管榷酤。

进入宋代，酒税的收入更为重要。《宋史·食货志》云："真宗嗣位，诏三司经度茶、盐、酒税以充岁用，勿增赋敛以困黎元。"③ 又载宋代榷酤之法："诸州城内皆置务酿酒，县、镇、乡、

---

① 〔明〕柯维骐撰，《宋史新编》卷九十三。
② 〔南宋〕陆游撰，《老学庵笔记》卷六。
③ 〔元〕脱脱等撰，《宋史》卷一百八十五。

间或许民酿而定其岁课，若有遗利，所在多请官酤。至道二年，两京诸州收榷课铜钱一百二十一万四千余贯、铁钱一百五十六万五千余贯，京城卖曲钱四十八万余贯。"①

为了从源头上控制酿酒业，宋初便制定了严厉的"禁曲令"，规定："私造曲十五斤、私运酒入城达三斗者，处死。卖私曲者，按私造曲之罪减半处罚。"除了京城准许百姓买曲自酿外，其他地区都不得私自酿酒售卖，违者就要被判处极刑。

北宋还实行了榷曲法，官府垄断酒曲的生产，垄断了酒曲的生产就等于垄断了酒的生产，民间向官府的曲院（曲的生产场所）购买酒曲，自行酿酒，所酿的酒再向官府交纳一定的费用。

宋太宗至道三年（997）全国酒课达 185 万贯，宋真宗景德二年（1005）达到 428 万余贯，天禧末年则达到 1017 万贯。宋仁宗庆历五年（1045）为 1710 万贯。②《宋史·食货志》载三司

亳州博物馆馆藏宋代钧窑瓷器

---

① 〔元〕脱脱等撰，《宋史》卷一百八十五。
② 杨师群，《宋代的酒课》，《中国经济史研究》，1991 年版第 3 期。

奏言云："陕西用兵，军费不给，尤资榷酤之利。"① 据《宋会要辑稿》载，熙宁十年（1077）以前，亳州共有谯县、城父、蒙城、郾县、鹿邑、卫真、保安镇、永城、郸城镇、蒙馆镇、谷阳镇等12处酒务，岁酒课达到117068贯。宋代熙宁年间，亳州酒税仍然达到十万贯以上。②

宋代亳州亦为酒税重地。《尚书祠部郎中赵宗道墓志》载墓主赵宗道曾经得罪宋仁宗，将要因罪免职，"御史中丞鱼公周询极陈其得复，中允监亳州酒税"③。时任御史中丞的鱼周询为其求情，赵宗道被派遣到亳州监酒税。晁补之被贬往亳州任知州，亦曾监亳州酒税。在宋人文集中还记载了数量庞大的亳州酒税史料。如"梁知新添差监颍州亳州监酒税"④，"（吕升卿）升亳州监酒"⑤，"（曲全子）调得监亳州酤"⑥，"（马志希）有司传檄旧绩，补亳州卫真县监酒税"⑦，"（蔡子难）再调房州司法参军，监亳州酒税"⑧。

而根据《元丰九域志》的记载，当时亳州地区除了州县城池外，比较重要的集镇还有双沟镇、福宁镇、蒙馆镇、码头镇、郾阳镇、保安镇、郸城镇、谷阳镇等。这些镇甸皆位于大河之畔，进一步繁荣了商业经济，也带动了酿酒业的发展。

值得注意的是，这一时期瓷器酒具逐渐流行，漆器与青铜器

① 〔元〕脱脱等撰，《宋史》卷一百八十五。
② 〔清〕徐松撰，《宋会要辑稿·食货志》。
③ 国家图书馆金石组编，《中国历代石刻史料汇编·第三编》。
④ 〔南宋〕李焘撰，《续资治通鉴长编》卷四百九十五。
⑤ 〔北宋〕魏泰撰，《东轩笔录》卷五。
⑥ 〔金〕王寂撰，《拙轩集》卷六。
⑦ 〔清〕陈铭珪撰，《长春道教源流》卷六。
⑧ 〔宋〕苏颂撰，《苏魏公集》卷五十六。

基本完全退出了日常酒具的行列。自魏晋时期开始,古人就认为以金银为食具,可以延年益寿。名臣封德彝曾说:"金银为食器,可得不死。"①尽管当时对金银器具的使用有种种限制,但大量金银依然频繁出现在权贵阶层的一日三餐中。

唐长安年间,相传大臣朱敬则进献九酝春酒给武则天。朱敬则乃亳州人,位高权重,武则天亦对其尊崇有加,视之为良吏。武则天亦爱酒之人,武则天父亲曾任职"光禄士",主管"酒醴膳羞之政",即宫廷接待。武则天任情豪阔,曾作诗云:"九春开上节,千门敞夜扉。兰灯吐新焰,桂魄朗圆辉。送酒惟须满,流杯不用稀。务使霞浆兴,方乘泛洛归。"又有诗云:"山窗游玉女,涧户对琼峰。岩顶翔双凤,潭心倒九龙。酒中浮竹叶,杯上写芙蓉。故验家山赏,惟有风入松。"

人口也是反映地区经济发展的重要指标。唐宋时期,由于亳州辖区广大,经济发达,人口蕃息。其变化参考下表:

唐宋时期亳州人口统计							
统计来源	《旧唐书》贞观年间	《新唐书》天宝年间	《元和郡县图志》元和年间	《太平寰宇记》北宋初年	《元丰九域志》元丰年间	《宋史》崇宁年间	《金史》天眷初年
户数	5790	88960	6502	57110	120879	130119	约6万户
口数	33177	675121	未知	未知	未知	未知	未知

全国宗教中心的定位极大地促进了亳州的发展,人口增长,经济繁荣,是唐宋时期亳州的写照。如此之多亳州酒政的记载,说明亳州在当时已经成为全国驰名的酒都。经济的繁荣带动了文

---

① 《太平御览》卷八百一十二。

78

化的创作，唐宋时期亳州出状元 1 人，进士 13 人，超过后世的总和。亳州也在此时登上文人墨客的创作舞台，在中国文学史上留下了浓墨重彩的篇章。

贬官至亳与酒

　　北宋的国都在开封，距离当时的亳州有 400 里路。开封到亳州交通畅达，水路由汴顺涡河而至，陆路有亳州直达开封的亳宋官道。因言获罪的京官，贬到京城 400 里外的亳州是最合适的选择：一则，离京城不近，可以惩戒威慑；二则，离京城也不远，便于随时掌控这些贬官的言行；三则，亳州物阜民丰，被贬的官员也不至于受太多疾苦，从而依然感戴朝廷的恩赐。

　　因此，亳州算得上待遇最佳的贬地。地处中原边陲，文化、气候都较为适宜。朝廷往往将有小过的官员外放亳州，对他们而言这里算是差强人意的选择，还可以在这里休养生息，观望政治，以期未来东山再起。

　　也许正是这个原因，北宋竟有不少大名鼎鼎的京官因言获罪后，被贬到亳州任职。北宋就有姚崇、富弼、范仲淹、晏殊、陈师道、黄庭坚、宋祁、王钦若、丁谓、晁补之等名臣被贬至亳州为官。

　　历史上遭贬谪的官员，贬了官，失了宠，摔了跤，悲剧意识就来了。这样一来，文章有了，诗词也有了。甚至受贬期间亲近山水亭阁，足迹所到之处，便成了遗迹，冷清山水成为名胜古迹，这些便形成了贬官文化。

贬官之人中不乏德才兼备之士，他们来自文明较为发达之地，拥有较高的文化层次修养，为政一方，为民谋福祉，干实事，政绩斐然，为当地社会在政治、经济、文化、教育等方面的发展起到了积极的推动作用。曾有人说"东坡不幸海南幸"。或许在许多人眼里，包括贬官他们自己看来，流放被贬是人生之大不幸，但对于当地百姓而言，这些有着卓越才干的官员的到来却是极大的福音与幸事。正是他们的努力，造福了一方黎民百姓。在更深一层意义上，也推动了中原文明在边远地区的传播，惠及后世。

贬谪期间，往往有佳作，中国人爱把这些概括为"文能穷人"或是"文章憎命达"。① 中国文人的不幸，却是中国文坛的大幸。如果没有贬谪的经历，也许他们也就不会创造出超越过往的文学成就。

在著名唐宋八大家中，欧阳修、曾巩先后在亳为官，另有姚崇、富弼、范仲淹、晏殊、陈师道、黄庭坚、宋祁、王钦若、丁谓、晁补之等

欧阳修画像

----

① 〔南宋〕洪迈撰，《容斋随笔》卷十六。

古井酒文化博物馆馆藏宋代瓷酒注

名臣在此为官。这些文人在亳州为官期间,留下了许多脍炙人口的酒诗。这其中犹以欧阳修为最。

欧阳修于宋英宗治平四年（1067）到亳州任职,称亳州为"仙乡",而自称"仙翁"。仕亳虽然只有一年,但他留下了非常丰富的事迹。《集古录》是中国最早的金石著作,由欧阳修撰写,其中收录了《后汉中常侍费亭侯曹腾碑》《后汉朱龟碑》《后汉小黄门谯君碑》与太清宫历代碑刻等,均来自亳州。晚年的欧阳修自号"六一居士",自谓藏书一万卷,集录三代以来金石遗文一千卷,琴一张,棋一局,酒一壶及乐于此五物归田庐老翁一个,合而成"六一"。仕亳之时,曾作《答子履学士见寄》一诗:"颍亳相望乐未央,吾州仍得治仙乡。梦回枕上黄粱熟,身在壶中白日长。每恨老年才已尽,怕逢诗敌力难当。知君欲别西湖去,乞我桥南菡萏香。"如《戏书示黎教授》一诗云:"古郡谁云亳陋邦,我来仍值岁丰穰。乌衔枣实园林熟,蜂采桧花村落香。世治人方安垄亩,兴阑吾欲反耕桑。若无颍水肥鱼蟹,终老仙乡作醉乡。"欧阳修为亳州丰富的土产所动,希望能醉老仙乡。

欧阳修作有《亳州谢上表》《亳州乞致仕第一表》和《亳州到任谢两府书》,其文见于《欧阳文忠公集》。欧阳修还在家书中提到,"喫酒更不及"①,饮用亳酒茶饼足矣,不需要家中再托人捎带,事亦载于《欧阳文忠公集》。欧阳修晚年为亳州仙乡美酒所动,曾祈求在亳州致仕,安度晚年。

亳州籍参知政事鲁宗道为人刚正,多次进谏,有"鱼头参政"之称,一因"鲁"字上为"鱼"字;二因他骨硬得好像鱼

---

① 〔北宋〕欧阳修撰,《欧阳文忠公集》书简卷第十。

头一样。《宋史》《亳州志》等皆有传。

《宋史》载云：宗道为人刚正，疾恶少容，遇事敢言，不为小谨。为谕德时，居近酒肆，尝微行就饮肆中，偶真宗亟召，使者及门久之，宗道方自酒肆来。使者先入，约曰："即上怪公来迟，何以为对？"宗道曰："第以实言之。"使者曰："然则公当得罪。"曰："饮酒，人之常情；欺君，臣子之大罪也。"真宗果问，使者具以宗道所言对。帝诘之，宗道谢曰："有故人自乡里来，臣家贫无杯盘，故就酒家饮。"①鲁宗道为人刚正，疾恶少容，遇事敢言，不为小谨。任左谕德时，鲁宗道居住在酒肆附近，常常在酒肆中纵饮，甚至于皇帝召见也要等喝完了酒才去。来使劝诚他不要说自己饮酒，否则必然会得罪皇帝，宗道不以为然。宋真宗责问他，鲁宗道说："饮酒，人之常情；欺君，臣子之大罪也。"真宗皇帝认为他忠诚可用，并擢升其为宰相。

曾经仕亳的晏殊作有《九月八日游涡》一诗："黄花夹径疑无路，红叶临流巧胜春。前去重阳犹一日，不辞倾尽蚁醪醇。"②叙述了自己和友人游览涡河、饮亳州美酒的故事。

宋代文学家晁补之曾为亳州通判，并监亳州酒税。晁补之仕亳多年，在亳事迹颇多，曾作有《亳州祭土地神文》和《亳州上李中书启》等文，③亦有多篇酒诗赞颂亳州酿酒业。如下：

亳社寄文潜舍人

兰台仙史，好在多情否。不寄一行书，过西风、飞

---

① 〔元〕脱脱等撰，《宋史·鲁宗道传》。

② 〔北宋〕晏殊撰，《元献遗文》卷三。

③ 〔北宋〕晁补之撰，《鸡肋集》卷六十一。

鸿去后。功名心事，千载与君同，只狂饮，只狂吟，绿
鬓殊非旧。山歌村馆，愁醉浔阳叟。且借两州春，看一
曲、樽前舞袖。古来毕竟，何处是功名，不同饮，不同
吟，也劝时开口。

江神子·亳社观梅呈范守、秦令

　　去年初见早梅芳。一春忙。短红墙。马上
不禁、花恼只颠狂。苏晋长斋犹好事，时唤
我，举离觞。

　　今年春事更茫茫。浅宫妆。断人肠。一点
多情、天赐骨中香。赖有飞凫贤令尹，同我
过，小横塘。

尉迟杯·亳社作惜花

　　去年时。正愁绝，过却红杏飞。沉吟杏子青时。追
悔负好花枝。今年又春到，傍小阑、日日数花期。花有
信，人却无凭，故教芳意迟迟。

　　及至待得融怡。未攀条拈蕊，已叹春归。怎得春如
天不老，更教花与月相随。都将命、拼与酬花，似岘
山、落日客犹迷。尽归路，拍手拦街，笑人沉醉如泥。

蓦山溪·谯园饮酒为守令作

　　谯园幽古，烟锁前朝桧。摇落枣红时，满园空、几

林苍翠。史君才誉，金殿握兰人，将风调，改荒凉，便是嬉游地。

刘郎莫问，去后桃花事。司马更堪怜，掩金觞、琵琶催泪。愁来不醉。不醉奈愁何，汝南周，东阳沈，劝我如何醉。

虽说贬官都是外放官员仕途的一个曲折，但贬地的远近却会带来迥然不同的遭遇。唐宋时期，最为可怕的贬地是岭南地区。岭南全境都是湿热气候，又多山林地带，蚊虫肆虐，随之而来的就是疟疾的频繁光顾。以古代的医疗条件，绝大部分医生碰到疟疾，也只能跟你说一声"我尽力了，告辞"，病人只能听天由命。

想想一个外地人好不容易到了贬地，一不小心就水土不服生了病，一旦得病，很可能就要面对死亡的威胁。在这种情况下，别说发配，就是贬官，许多人也搞得跟生死离别似的，比如韩愈被贬潮州时就嘱托族孙"好收吾骨瘴江边"。这样的苦地必然是淘汰政敌的好地方，岭南因此接待了柳宗元、韩愈、寇准、苏轼等一大批被贬官员，他们不是犯人，却享受到了跟犯人相似的待遇。

在这样的境遇下，他们纵情于酒便是一种必然的选择。同时，他们又是掌有亳州地方权力的官员，更有理由和能力来提升酿酒水平，促进亳州酒业及酒文化的发展与丰富。

贬官为亳州增添了文化气息，也让亳州酒文化登上文学舞台，留下了不朽的文学印记。我们会发现在那些诗文当中，许多都寄托着像思乡、离别这样丰富的情感，承载着他们关心社会人生的深刻思考，而这正构成了中国文学永恒主题中的重要组成部分。

第五章

明清以降的亳酒

明正德"公兴槽坊"

　　古井贡酒产地古井镇，历史上名字叫"减冢店""减店集"。嘉靖《亳州志》载："（亳州城）西北三十里曰魏家岗曰减冢店。"① 这是古代文献中关于古井镇最早的记载。

　　清代，古井镇皆名"简冢店"，别称"减冢集"。② 而到清代之后，减冢店又易名为"简塚店"③，民国时期，"简冢店"被世人称为"减店集"，简称"减店"。减店名称的由来与南北朝时期的战争有关。梁武帝中大通四年（532），南梁元树与北魏独孤信在此鏖战。元树曾被封为咸阳王，死后葬于谯地南十五里，百姓称之为咸王冢，后讹传为减王冢，亦称简冢店。冢有坟墓的意思，避讳称减店。

　　"减冢店"，从历史语言上来看，得名自元代以前。元代的邮传制度是由急递铺和驿站组成的，急递铺以步行传递消息，驿站则以马匹传递消息。往往以"店""铺"命名急递铺和驿站。

---

　　① 亳州市地方志编纂办公室整理，点校版嘉靖《亳州志》，方志出版社，2018年，36页。
　　② 参见乾隆三十九年《亳州志》卷一、道光《亳州志》卷一。
　　③ 亳州市地方志编纂办公室整理，点校版顺治《亳州志》，方志出版社，2017年，43页。

"减家店"之得名说明早在元代前，古井镇便是军事要地，为朝廷所设之驿站。这一点在后世文献中亦有迹可循。《清实录》载道光皇帝诏命云："亳州营属减家店张村铺外委各一员，兵各十五名，从协办大学士总督孙玉庭请也。"① 道光皇帝亲令在减家店设置官兵，以便利驿传和往来巡察。正是由于减店为古代重要的集镇，所以古井镇才会很早产生酿酒业，成为中国酿酒名镇之一。在减店集西头，有一祖师庙，曾有铁钟一口（1958 年"大炼钢"时，被毁作原料）。这口铁钟系由当年减店集上酒业同人 40多人捐铸，钟上铸文落款时间是明万历九年（1581）。说明 400年前，减店的酿酒业已相当发达。

在谯城区安溜集大隅首对面，惠济河北岸，桥北村中桥口自然村有一块古碑，题曰"重修钦赐归德州牛寺孤堆官庄兴福寺记"，此碑落成于"大明正德己巳（正德四年，1509 年）仲夏月"。

据碑正文记载，"徽庄王当成化辛卯是荷，宪庙先皇帝分封于钧（河南省禹州），以归德等处无碍闲田养瞻"。徽庄王是明英宗朱祁镇的第九子朱见沛，即明宪宗朱见深的弟弟，封在禹州，死后也葬在禹州，却"养"在了亳州。碑文中"镇守太监"是京师派驻到官庄的"御用监"太监廖堂。明代宦官权势很盛，经常要派驻到外地，总镇一方，其掌本限于监督与军事，后推及地方行政。御用监是明代宫廷内专司采买、造办用品的机构，职责是负责宫城里皇帝一家的物资供应，它经手的物品，那可就是货真价实的"贡品"了。古井酒厂的前身现在考证为正德十年减家店

---

① 《大清宣宗成皇帝实录》道光三年七月下。

的公兴槽坊。这"公兴"二
字,包含着"公家兴办"的
内蕴,有官方组织专业"匠
户"集中生产的意思。①

重修兴福寺碑记

自明代起,减家店的
酿酒业就十分繁荣,酒店
林立,其中最著名的是
"公兴槽坊"。"公兴槽坊"
的主人姓怀,民间传说是
三国时吴国尚书郎怀叙的
后人。古井镇怀氏原传有
八兄弟,明初因军户制度
派遣举家从应天(今江苏
南京)、昆山北迁至亳州。怀家在亳州置田兴业,开建"槽坊"
酿酒。据光绪《亳州志》记载,怀氏在亳州期间,逐渐兴旺,还
出了几位"百户"的小官。

说到迁徙,不得不提起明初的大迁徙。"问我故乡在何处,
山西洪洞大槐树。祖先故居叫什么,大槐树下老鸹窝。"自明朝
以来,这首民谣就一直在我国各地民间尤其是黄河下游地区广泛
流传,甚至在海外华人、华侨群体中也时常可以听到。洪洞县大
槐树之所以成了中华儿女魂牵梦绕的精神寄托,是因为它承载着
先人对故土家园的依恋和顾盼。

明朝初年的移民活动自明太祖朱元璋起,经建文帝、明成

---

① 蒋建峰,《重修官庄兴福寺考证》,《亳州晚报》2021 年 7 月 9 日。

道光《亳州志》中关于减店怀氏的记载

祖，历时 50 余年，规模之大、范围之广，史所罕见。明朝初年，以发展经济、稳定社会为宗旨的经济移民活动，则以山西的大槐树移民规模最大，涉及范围最广，计划性也最强。规模较大的移民活动前后共计 18 次之多，移民总人口超过百万人，迁民地区涉及今天的 18 个省市的 500 余县市。亳州经历了元末农民战争后，人口损失殆尽。作为南直隶凤阳府的属地，也吸纳了来自全国各地的移民。直到今天，亳州的姓氏文化依然可以追溯到山西大槐树、山东老枣树等明代移民策源地。

据怀氏后人回忆和家谱记载，自最后一代"公兴槽坊"传承人，可以上溯到第七代叫怀老万。怀老万生于明末，死于清康熙八年（1669），是怀氏的代表人物，拥有土地 48 顷，"有银一溜十八缸"。"公兴槽坊"的酿酒工艺为"老五甑"酿酒法。自明代起，屡屡进贡朝廷，成为名扬远近的"贡酒"，被誉为"怀家一枝花"。

2013 年 5 月，位于古井镇的古井贡酒酿造遗址被国务院核定为第七批全国重点文物保护单位。考古工作者在这里发现了明代窖池及部分古井、炉灶、晾堂、蒸馏设施等酿酒设施及作坊遗址,出土百余件碗、盏、盘、杯、缸等生活用具,时间跨度从宋至今,再现了苏鲁豫皖地区传统酿酒工艺全过程。特别是出土的一块刻有"明正德十年东北角界"的方砖,为这个遗址的断代提供了重要依据,专家通过文物比对、土样分析等综合论证,确定为明代"公兴槽坊"遗址。

相传万历年间,归德府名宦沈鲤有田庄在古井镇柳行村。沈鲤,字仲化,明嘉靖进士,曾侍奉嘉靖、隆庆、万历三位皇帝,被誉为"三代帝师"。沈鲤在万历皇帝为太子时,为其侍讲东宫。因为与神宗万历皇帝有师生之谊,屡蒙恩宠,就把自己田庄边上集镇所产"减酒"进献于宫廷,受到皇帝欣赏。

晚清之时,亳州人姜桂题任直隶提督兼统武卫左军、热河都统等职,曾被皇帝赏赐黄马褂,并深得慈禧太后的赏识。他把家

明清酿酒遗址

乡的"减酒"进贡给太后品鉴,慈禧以"福"字回赐。

姜桂题以好酒知名,有许多逸事流传至今。紫禁城是明朝、清朝的皇家宫殿,戒备森严,不仅不允许老百姓接近,即使是朝廷官员,也不能在紫禁城里任意行走。在紫禁城的东华门、西华门、神武门等处,均有下马碑,上面刻有"官员人等至此下马"字样。文武百官来到紫禁城下,无论是皇亲国戚,还是军机中枢,都必须遵循"文官下轿,武官下马"的规定,步行上朝,觐见皇帝。当然凡事皆有例外,为笼络臣心,清朝逐渐开始选择性地给予朝中重臣在紫禁城骑马的特权,姜桂题便是其中之一。

清朝大内档案中曾有这样的记载:"光绪二十八年七月二十四日,由内阁抄出,奉上谕,朕钦奉慈禧端佑康颐昭豫庄诚寿恭钦献崇熙皇太后懿旨,直隶提督马玉崑、甘肃提督姜桂题均著加

邮传部尚书徐世昌(左二,后成为民国第三任总统)与直隶提督姜桂题(左三)(法国驻华武官菲尔曼·拉里贝拍摄)

94

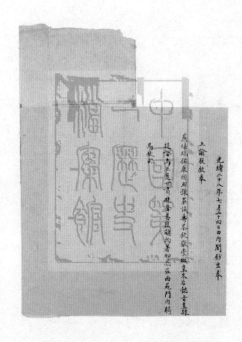

恩在西苑门内骑马，钦此。"① 光绪二十八年（1902），姜桂题已经59岁。为免去姜桂题上朝时的步行之苦，慈禧下诏特许姜桂题可以骑马上朝。在活动范围上，给了姜桂题极大的自由。在恩赐姜桂题紫禁城骑马的懿旨中明确指出，加恩其在"西苑门内骑马"，西苑门毗邻中海，与西华门遥遥相对，向来是紫禁城要地，

赏赐姜桂题西苑门内骑马的上谕

姜桂题被赐在此处骑马，其所受优宠之深可见一斑。

宣统帝即位后，姜桂题更为清皇室所倚重。裕隆太后不仅将姜桂题献"减酒"（古井贡酒的前身）时慈禧亲笔题写的福字再次赐给他之外，一并赏赐的还有大荷包、银锞、藕粉、白莲子、百合粉、荔枝、奶饼、挂面等物。②

据1931年4月14日《上海报》载，姜桂题性格率直，常称自己为"姜老汉"。他驻守浦口期间，常身穿平民便服在街头游逛。一个新入伍的士兵因为卖鱼的事情和卖鱼者起了冲突，还动

① 中国第一历史档案馆，05－13－002－0961－027，《为直隶提督马玉崑甘肃提督姜桂题均著加恩在西苑门内骑马事》，光绪二十八年七月二十四日。

② 中国第一历史档案馆，03－7484－092，《直隶总督姜桂题奏为恩赏福字等物谢恩事》，宣统二年十二月初一日。

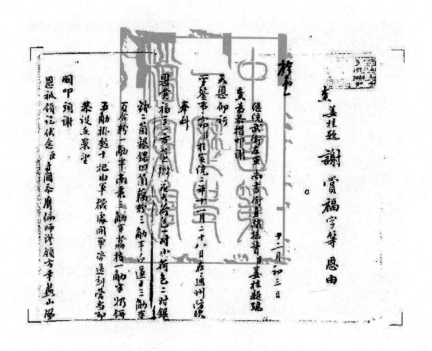

姜桂题感谢赏福字等物的奏折

手打了卖鱼的人。姜桂题看见后，十分愤怒，于是冲上前打了士兵一巴掌。士兵刚刚入伍，不认识眼前这人就是自己的主帅，便和姜桂题打了起来。两人的打斗引起了人群的围观，有老兵从旁边经过，看到新兵竟敢和大帅打架，吓了一跳，连忙大喊："小子，你怎么敢打大帅？"士兵听到自己竟打了大帅，又急又怕，拔腿就跑。姜桂题回营后，不一会儿，士兵的上司捆着士兵来到帐前，请求按军法处理士兵，同时，请姜桂题治自己失察之罪。姜桂题看了他们一会儿说："我打了他一巴掌，他还手打我。他打了我，我也打了他，哪有治罪的道理？"听到姜桂题这样说，大家无不佩服姜桂题的容人之量。

据 1940 年 9 月 22 日《力报》载，姜桂题在旅顺驻扎期间，常穿着宽松的衣服，拿着一把大蒲扇在街上散步。一日，姜桂题

96

醉酒之后，便躺在路旁睡觉。有几个泼皮赖子看一个老汉在路边睡觉，便走向前去，准备先拿走他的钱财，再殴打他一顿。这时，姜桂题突然睁开眼，呵斥无赖们道："你们不认识我姜老汉吗?"赖子们听到姜老汉，知道这是姜桂题的诨号，纷纷离去。

有了明清时期的减酒，才有今日古井镇的脱颖而出，成为举世闻名的徽酒名镇。

明清商业的繁荣

明清时期，亳州因其独特的地缘和政缘优势，成为全国最繁荣的商业重镇。

1986 年，亳州之所以被国务院公布为第二批全国历史文化名城，除了丰富的名人事迹，更重要的是亳州明清商业繁荣而保存下来较为完整的明清古建筑群。

清朝初年，江南省一分为二，分立江苏省与安徽省，"皖北"一词开始大规模、高频率出现。在古代中国，行政权力的绝对支配地位使行政中心往往兼具经济中心、文化中心的功能。大体来说，明代皖北以凤阳府为中心，由亳州、颍州、寿州、泗州、宿州等为次中心。

明清时期，亳州建置变动很大。明朝初年，省谯县入亳州，废城父县，隶凤阳府。寻即降为县，改属河南归德府。洪武六年（1373），改属颍州。明孝宗弘治九年（1496），仍属凤阳府。雍正二年（1724），督臣查弼纳奏升亳州为直隶州，以太和、蒙城为属县。雍正十三年（1735），又将颍州升为府，而以亳州为属州。自此开始，亳州、颍州两地何者升府，中央与地方展开了长达数年的争论与博弈。虽然最终颍州取胜，但也说明了亳州的独特地位。

雍正十一年（1733），两江总督高其倬在奏折中陈述了升亳州为府的观点："惟是亳州一带地方，其设官之处尚有应调剂措置者。其地插入河南，在两省界缝之间，去江宁、安庆督抚驻扎之处皆有千里，即其本管之凤阳道亦相聚五百里。境当南北水陆之冲，行贩辐辏，人众庞杂，盗案、窃案极多，地棍衙蠹亦众，民间积习好斗健讼。私枭曾经犯案，尤须加意整顿。"① 高其倬认为亳州地当要冲，商业发达，民风彪悍，案件多发，应该设府管理。虽然未被采纳，但这种认识在当时很有代表性。

雍正年间，分定全国州县为冲、繁、疲、难四类，以便选用官吏。交通要道曰冲，行政业务多曰繁，税粮滞纳过多曰疲，风俗不纯、犯罪事件多曰难。县的等第高，字数就多；反之，字数就少。冲繁疲难四字俱全的县称为最要或要缺，一字或无字的县称为简缺，三字（有冲繁难、冲疲难、繁疲难三种）为要缺。据乾隆三十九年《亳州志》记载，亳州占了"冲繁难"三项。②

道光《亳州志》载明清亳州繁荣商业道："商贩土著者十之三四，其余皆客户，北关以外列肆而居，每一街为一物，真有货别队分气象。关东西山左右江南北百货汇于斯，分亦于斯，客民既集，百物之精目，染耳濡故，居民之服食器用亦杂五方之习。"③ 明清时期，亳州商帮踵接，钱庄林立，往来商户不绝。来

---

① 中国第一历史档案馆，《雍正朝汉文朱批奏折汇编》（第二十册），江苏古籍出版社1990年版，640—641页。

② 郑交泰等编，乾隆三十九年《亳州志》卷一。

③ 任寿世、刘开等编，道光《亳州志》卷一。

亳州花戏楼

自五湖四海的商贾云集于此，外地客商为了交流信息和互相扶持，塑造神像祈福保佑，在旧城建立了山陕、两湖、福建、浙江、辽宁、江西等 31 家会馆。除了外地商人结成的会馆，还有各种行业会馆，如糖业会馆、屠宰会馆、染坊会馆、酒业会馆、盐业会馆等。其中著名的山陕会馆与江宁会馆等古迹留存，见证着这一段商旅繁华的历史。亳州本地则流传着"四码头、八市、四大街、七十二条街、三十六条巷，七大家八大户"的传说。

亳州也因此有了"小南京"的别称，亳州民谚道："从南京到北京，买的没有卖的精。"小南京的称呼说明当时的亳州商业非常繁荣，某些层面甚至可以和南直隶首府南京相媲美。

明清时期亳州商业发达，经商者往往聚业而居，形成单独售卖某种商品的特色商业街。所谓白布大街、竹货街、打铜巷、帽铺街、干鱼市、花市、驴市等俱为专业市场。药商药铺则集中分布于里仁街、纸坊街和老花市。制糖、售枣等行业则集中分布于咸宁街，该街有制糖作坊二十余家，并建有糖业会馆。城内钱庄则集中分布于耙子巷、南京巷、纯化街等街坊，并形成了以耙子巷为主的金融中心。

清代涡河商路发达，"涡河起亳州，中经涡阳、蒙城、怀远，至凤阳之临淮关而入于淮。淮北之货于是汇焉"①。清代则在亳州涡河沿岸设立税关，征收赋税。②"凡自亳州、徐溪口（今安徽濉溪）、虹县（今江苏泗县）一带装运货船往南去者，在该口（后湖口，属桃源县，今江苏泗阳）按照梁头尺寸输纳北钞，每尺纳

---

① 〔清〕冯煦等撰，《皖政辑要》卷九十一。
② 〔清〕载龄等修，《户部漕运全书》卷四。

银二钱五分，填给印票，执赴大关验缴，向无折报之例。"① 清代
凡自亳州等地向南运输货船均要在后湖口征收关税，按照船宽尺
寸缴纳，每尺需纳银二钱五分，并发给通关凭证，避免重复征
收。此外，清初还在亳州设立漕运机关，"岁运漕船四十七支，
官三员，漕军四百七十一名"②，并配备数千名民工分春秋两班应
值，负责水运和修葺河道。据《清实录》记载，宣统年间，亳州
还建成了电线。"设安徽颖亳电线。展设河南周家口至安徽亳州
电线。"③

清代，亳州酿酒业兴盛，亳州全城有酿酒作坊百余家，多数
作坊生产高粱大曲酒，少数生产洺流酒（相传为陈抟所创）和小
药酒。著名产品有乾酒（即九酝春酒、减酒，因工艺久远，故称
乾酒）、福珍酒、三白酒、竹叶青、状元红和佛手露等。④ 曾任安
徽巡抚的嘉靖帝帝师朱珪经过亳州，作诗云："凭轩诹俗渡清涡，
隐轸郊廛万户多。陇麦因风吹浪碧，园蔬映日醉颜酡。接篱不比山
公兴，缓带相看叔子过。桴鼓声稀铃索静，夅与茂对乐婆婆。"⑤

乾隆年间，朝廷曾经一度在全国范围内颁布了禁酒政策，据
时任安徽巡抚陈大受奏称："该地接壤山东河南，销贩最广，是
以酒曲出没，莫不从聚于此。"⑥ 亳州一带交通便利，酒曲贸易繁
荣，查禁难度很大，禁酒令后来无疾而终。得益于涡河水运的便

---

① 〔明〕马麟修，〔清〕杜琳等重修，《续纂淮关统志》卷五。
② 〔清〕刘泽溥等编，顺治《亳州志》卷二。
③ 金毓黻等编，《大清宣统政纪》宣统元年闰二月下。
④ 〔清〕钟泰、宗能征等编，光绪《亳州志》卷六。
⑤ 〔清〕钟泰、宗能征等编，光绪《亳州志》卷十八。
⑥ 中国第一历史档案馆，03-0976-024，《安徽巡抚陈大受奏报查禁
安徽省酒曲情形事》，乾隆五年六月十五日。

江宁会馆

利，亳州是当时著名的酒曲贩售集散地。

亳州酿酒税收颇为可观，汪篯曾记载亳州商会奏称清代酒税云："此项酒税往年征收极旺时，征自酿造场所者，约一百二十千文，征自造成之酒者约八十千文。"① 看似亳州酒税不高，但要注意到官府缺少成熟的办法对广泛存在的酒曲贸易与民间私酿征税。作为酒曲集散地，清代亳州酒业的繁荣程度要远超酒税所能反映的水平。

中国第一历史档案馆珍藏的清代档案中记载了三个发生在亳州的饮酒故事。第一个是韩文志殴杀李九案。嘉庆八年（1803），韩文志、刘文、马合、祝仁到强有志的酒店中相聚，李九后到，非要去吃韩文志一行的酒菜，韩文志等不允，撕打起来，韩文志

① 《蒙城县政书》，230 页。

一拳打中李九胸口，李九不幸身亡。韩文志被判绞监候。①

　　第二个是屈茂香斗杀马得案。道光五年（1825），据安徽巡抚邓廷桢、亳州知州任寿世呈报，亳州人屈茂香在其兄屈茂仁的酒店中当伙计，贩卖水烟的河南人马得与其相熟，一日马得赊酒不得，便持刀在屈茂香家门口叫骂殴斗，屈茂香取木门框格挡，打伤了马得前额，次日马得竟不治身亡。屈茂香因斗杀他人被判处绞监候，但因家有七十老母，援引清代赡亲之律，延缓处刑。虽然古代没有正当防卫的认定，屈茂香最终应该也会在秋后减刑。②

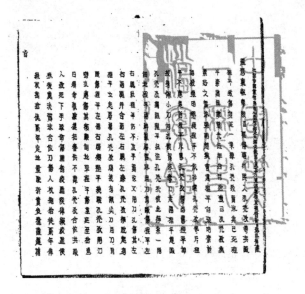

　　第三个故事是孔秃孜斗杀程平案。程位开了一家酒店，派儿子程平在赶集时向张明索要酒钱三百文，两人发生争吵，孔秃孜、贺咏两人偏护张明，

中国第一历史档案馆馆藏的程平案卷宗

　　①　中国第一历史档案馆，02－01－07－026009－025，《安徽巡抚王汝璧题为审理蒙城县民韩文志在亳州因不肯予食酒菜争闹伤毙李九一案依律拟绞监候请旨事》，嘉庆九年四月十八日。
　　②　中国第一历史档案馆，02－01－07－10557－019，《安徽巡抚邓廷桢题为审理亳州民人屈茂香因赊酒不允争殴伤毙马得案依律拟绞监候请旨事》，道光六年九月二十四日。

殴杀程平。孔秃孜被判处绞刑，贺咏、张明被判杖责发配。① 除了这两则故事，还有很多因为饮酒而发生的案件。如道光九年（1829）《题为审理亳州客民孟欣焕因饮醉滋事扎伤佟选身死一案》、道光九年《题为审理亳州民王咏欣因斥醉卧门首殴伤葛破身死一案》、道光十年（1830）《题为审理亳州民孙华堂因被醉酒辱骂争闹扎伤王拉越日身死案》等。

这些案例反映出清代亳州人的彪悍民风，也说明饮酒在亳州社会生活中发挥着不可替代的作用。宋代以前，商业活动受到种种限制，未能突破坊市的界限，商人地位较低，商品种类少，流通性低。明清时期，伴随着商业的全面兴起，出现了市民生活的雏形。酒也从自产自销转而实现跨地域的销售，价格大为降低，作为一般消费品走进市井小民的日常生活。故而亳州民间有"柴米夫妻、酒肉朋友、盒儿亲戚"的说法。

庚子国变后，清政府签订了丧权辱国的《辛丑条约》，帝国主义勒索赔款达 9 亿两白银。为了筹集赔款，清政府广开税路，这对于亳州酿酒业也产生了重大影响。其一，清廷强迫征税，并禁止民间私酿，民间酿酒必须获取官府派发的公引。其二，添加厘金，酒税倍征，无论酿酒作坊，还是贩酒商人，即使是个人自饮私酿也要认领捐税，否则便大加查禁，是为"庚子酒捐"。

清末安徽政书《皖政辑要》载："自光绪二十五年冬间奉文倍征烟酒，始饬各厘卡将烟酒两项另款批解。烧锅一项，向因查

---

① 中国第一历史档案馆，02-01-07-10557-019，《安徽巡抚邓廷桢题为审理亳州民人孔秃孜等因索讨酒钱争吵伤毙程平案依律分别定拟请旨事》，道光六年九月十三日。

航拍亳州北关历史街区

禁，开设甚少，市酤所售半皆贩自他省，州县偏僻之处间有酿酒槽坊，自酿自卖，名曰土酒，仅供本地居民零估之用，并无贩运大宗。筹议赔款案内，分别上、中、下则，举办酒捐，岁收银二万数千两。"① 又曰："户部奏准酒税加成，系税行商而未及酿户、卖户。皖省酌定上中下三则捐章，刊发单照，无论自酿、贩卖，概令按照生意大小纳捐领单。上则岁捐银三十两，中则二十两，下则十两。将单照发给各州县查明填给，以便就近承领，一年一换，闭歇者缴销，新开之户非有单照不准酿卖。向来委查烧锅陋规，概予裁革。如遇岁歉有妨民食，准由地方官请禁烧锅，免缴捐款。计自光绪二十八年为始，岁收酒捐银二万两上下。"② 清政

---

① 〔清〕冯煦等撰，《皖政辑要》卷三十一。

② 〔清〕冯煦等撰，《皖政辑要》卷三十一。

府为了筹集赔款，强迫酿酒作坊和售卖商家认捐，否则便不给官凭，关闭酿酒作坊。

虽然清政府以苛刻的酒税压榨酿酒业，但亳州酿酒业并未因此发展停滞。1904年，亳县瑞源槽坊发行股本，筹集资金扩大生产，使用现代化的金融手段，说明亳州酿酒业的经营思想已经走在时代前沿。①

在中国古代，一直有"南茶北酒"的说法。明代薛冈在《天爵堂文集笔余》中说："南茶北酒，非余僻论。余走北方五省，足将遍，所至咸有佳酿。北方水土重浊，而酿反轻清，不类其水土。"北酒体系尤其以中原地区为代表。

明清时期也是烧酒逐步取代黄酒的时代。相比于一般谷物，高粱为全国通有的高产作物，也是亳州地区的主要粮食作物，用高粱酿酒成本较低。烧酒的酒精度高、保存期长、口感更佳，商业价值高，更受到时人的追捧。自清中期开始，烧锅遍布各省，史称"通都大邑，车载烧酒贩卖者，正不可计数"②。至此，烧酒超越传统的黄酒，成为中国人的主要饮品。

---

① 〔清〕冯煦等撰，《皖政辑要》卷八十。

② 《清高宗实录》卷六十八，"乾隆三年五月七日"。

民国时期的亳州酒业

辛亥革命后，虽然摒弃了重农抑商的传统，民族资本主义迎来了发展机遇，但是，亳州因其特殊的地理位置而成为军阀混战的焦点之一。这一时期，亳州酿酒业依然延续着传统的作坊式，没有形成规模化的工业生产。

据民国二十五年（1936）《亳县志略》载："亳县为皖北重镇。农产丰富，商业繁盛，虽不能与都市并驾齐驱，实为颍属经济之中心。惟新工业方面尚少开创，略有逊色。手工业种类甚多，而以羊毛毡毯、皮箱、万寿绸三项为最著名。"[1] 据《大中华安徽省地理志》记载，"亳县商电甚多，为皖北各埠之冠。土产可以收买者多，故商务日渐繁荣。就土产制造利市三倍，金融活动、税入亦丰。"[2]

清末民初，亳州有杂货商铺100多家，百货店20多家，干果店20多家，药材店100多家。外地客商开办的商店占到绝对比例，操纵着本地的商业市场。清光绪三十四年（1908），亳县

---

[1] 亳州市地方志编纂办公室整理，点校版光绪《亳州志》，黄山书社2014年版，1035页。

[2] 安徽省教育厅编，《大中华安徽省地理志》，1919年版，194、302页。

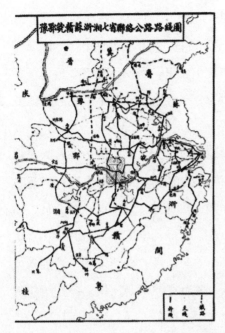

鄂豫皖赣苏浙湘七省公路路线图
(1933)①

"仁和"当典经理鲍叔宜联合各大商户成立了亳州商务会，后经多次流变后，形成了 28 个同业行会。

1919 年，孙中山先后用中英文发表了《实业计划》一书，提出了在中国建设 16 万公里铁路的宏伟计划。在他的计划中，亳州有两条要道经过。其一为东方大港库伦线，自连云港起至定远，再转向西北至涡阳、亳县，经归德入曹县，由曹县转向榆次、太原，向北延伸到外蒙古库伦。其二为黄河港汉口线，自山东的黄河入海口起，经长山、泰安、济宁至亳州，终点直通汉口。②孙中山将港口看作带动经济发展的关键点，而将铁路和水运作为港口的辐射线，最终形成港口辐射的面。从点到线，从线到面，最终带动整个中国经济的发展。遗憾的是，这一宏伟设想并未实现。

欲发展经济，先梳理交通，这条思路在民国时期已经成为社会共识。除了涡河水运，从亳县县城至四境有多条驿路。至清末，全县有车马道 417.5 公里。民国十一年（1922），花洋赈义会对亳太（和）、亳涡（阳）、亳宋（集）等古道进行整修。民

---

① 《安徽省概况统计》1933 年版。

② 万扶风编，《中山实业浅说》，中央图书局 1927 年版，87 页。

国二十年（1931），又新建了归（德）信（阳）路和蚌（埠）鹿（邑）路两条干线。经过一系列的扩建，至民国二十二年（1933），亳县通行汽车路达到564公里，涡阳达到512公里，蒙城达到456公里。① 交通环境的改善，对于推动酿酒业与商业发展具有重要意义。

民国十四年（1925），全城共有槽坊54家，其中以蒋天源槽坊规模最大，可产10多种白酒和染色酒。天源永槽坊日产量达2000斤。除传统产品外，还新增了玫瑰露、葡萄绿、黄金波、白玫瑰、大麦冲、猴带帽、五加皮、老虎油等配制酒。其中，老虎油药酒系用优质曲酒加入十多种中药，经二次蒸馏后，再配入冰糖而成，风味独特，浓郁挂杯，多为官绅富商饮用。各作坊均为前店后坊，以出售散酒为主。

民国时期的北关街区

五加皮酒一般以白酒或高粱酒为基，加入五加皮、人参、肉桂等中药材浸泡而成，具有行气活血、驱风祛湿、舒筋活络等功效。《本草纲目》记载：五加皮"补中益气，坚筋骨，强

---

① 安徽省政府秘书处编，《民国二十二年安徽省概括统计》，1933年版，209页。

110

意志，久服轻身耐老"，民间更盛誉"宁得一把五加，不要金玉满车"。按照当时的市场价格，一斗高粱（15斤）可以换三斤白酒。瓶装酒主销霍山一带，散酒装篓销往乡村及蚌埠等地。

比较有代表性的槽坊有"天吉长""蒋天源""天源永"等。"天吉长"槽坊位于估衣街，创建于光绪三十一年（1905），后更名为"天吉祥"，有发酵池9条，1946年停办。"壬元"槽坊位于义和街，民国元年（1912）由吕开周创办，1949年停办。"天福"槽坊位于玉帝庙路，有发酵池3条，白兴山创办，1949年停办。"天源昌"槽坊位于董家街路南，清末由杨忠义创办。此人曾做归德府道台，告老还乡后办起槽坊，后又有熊氏等多人接营，改名为"同吉祥"。"祥太永"槽坊位于东寨外路北，1945年由王庆五、王宝贵、朱耿杨创办，有发酵池3条，1947年停办。李家槽坊位于东寨外路北，为李性初1946年创办，1948年停办。以上8家槽坊位于涡北区。

北关和城里有28家槽坊。"蒋天源"槽坊位于白布大街，蒋俊英创办。蒋俊英字杰臣，世代以造酒为业。蒋俊英读书不成，专心经营造酒，创制很多配制酒，著者有"状元红""竹叶青""玫瑰露""五加皮"等10余种，色香俱佳，冠绝皖北。1949年停办。"三盛号"槽坊位于咸宁街西头路南，其酒质好味醇，深受欢迎，时有"好酒办背巷"之说。"天源永"槽坊位于老砖街东头路北，蒋席珍创办，有发酵池5条，月出酒2000余斤，1949年停办。"福源"槽坊位于爬子巷路南，民国初年由刘彩庭所办，有发酵池6条，1948年停办。"汤家"槽坊位于财神阁东头路北，由汤太和家所办，1948年停办。"汇源"槽坊位于财神阁西头路南，由黄东初所办，1948年停办。"汇泉"槽坊位于天棚街路南

（今新民街），由李树民创办，1948 年停办。"同源昌"槽坊位于老砖街西头路南，为张良所办。"源通"槽坊位于天棚街路南，葛仲宣所办，1947 年停办。"裘家"槽坊位于打铜巷西头路南，裘乐安所办，1947 年停办。"瑞源"槽坊位于大隅首东路南，姜勋成所办，有发酵池 8 条，1947 年停办。此外，还有泉昌、同升源、王家槽坊、鸿源、协和永、蒋家槽坊、隆盛、裕源昌、怀家槽坊、福昌源等。①

清宣统元年（1909），蔡玉珍在蒙城县城西门里开设勇源公槽坊，脚工 10 名，年产大曲酒约 2 万斤。民国元年（1912），义顺公酒坊开业。稍后开业的有森泰、甚聚、和合源、信吕祥、振昌、水昌源等 8 家酒坊。民国二十六年（1937），县城槽坊有 20 多家，其中勇源公、水昌源的大曲酒远销合肥、芜湖、南京各地。② 涡阳的情况与蒙城相似，建有"广和""会海""永源公"等槽坊数十家。

民国时期的酒政管理主要有烟酒牌照税与烟酒税两项。烟酒征税起自清光绪年间，安徽省参考直隶的办法减半征收，每斤白酒征收制钱八文。民国三年（1914），改征银圆六厘四毫，带征票钱铜圆一枚。民国四年（1915），政府规定贩卖烟酒需要领取特许牌照，税额分整卖零卖两种。"整卖营业年纳税四十元，零卖营业分甲乙丙三等；甲十六元，乙八元，丙四元，分两期完纳。六月以前特许者纳全年税金，七月以后特许者纳半年税金。带征牌照费铜圆六枚，征收官坐官坐支办公费百分之二。"③

---

① 政协亳州市谯城区委员会编，《亳州文史资料汇编》，2014 年版，255 页。

② 蒙城县地方志编纂委员会编，《蒙城县志》，黄山书社 1994 年版，151 页。

③ 黄佩兰等编，民国《涡阳县志》卷八。

据民国二十五年（1936）《亳县志略》载，亳县烟酒牌照税每年约八千元。"始由烟酒公卖局派员设立分局征收，继由烟酒印花税局派员设立烟酒稽征分局及稽征所征收，并归亳县营业税局征收。"①

民国二十七年（1938），亳县、涡阳和蒙城相继沦陷，不少槽坊因此停业。亳州地区因重要的战略位置被国民政府、共产党武装与日寇所争夺，根据地、沦陷区与国统区犬牙交错。民国二十七年，亳县抗日人民自卫军与国民兵团成立，后改编为联防总队，有五六百人枪；日伪政府在亳县县城成立了警备大队、保安大队与自卫团，伪县知事赵朗斋兼警备大队大队长，有2000余人枪。民国二十八年（1939），共产党员姜克华建立了泥店游击

1939年3月，新四军游击支队部分领导人在亳州会见国民党皖北人民自卫军第五路指挥官余亚农，商谈统战抗日事宜，并在汤王陵合影。从左第10人为张震，第11人为张爱萍。

① 亳州市地方志编纂办公室整理，点校版光绪《亳州志》，黄山书社2014年版，1029页。

队，后成立亳县独立大队，队伍发展到 300 多人。民国三十三年（1944），彭雪枫率领新四军四师主力回师津浦路西，恢复了豫皖苏抗日根据地。11 月，成立了县总队，县长丁希凌任总队长，队伍发展到 2000 多人。

多方势力在此长期角逐，实行不同的经济政策，分别发行法币、军用票、边区票和伪币等，民间经济交往多以物物交换的形式进行。粮食与土酒成为民间信赖的一般等价物。据当地传说与老八路回忆，新四军在亳县转战期间，曾经以减酒等土酒来疗养。解放战争期间，中原野战军三克亳州，也曾品尝当地土酒。

1947 年，南方各地普遍发生灾荒，亳县亦不例外。为了节省粮食，亳县国民党政府接省府电令便颁布了禁酒令，暂停县内所有槽坊酿酒。其文如下：

　　亳县县政府代电　民国三十六年五月①

　　事由奉电饬各地槽坊酿酒应即停酿，仰遵照办理具报。由电本县酒业工会暨各区乡镇长均览，奉省府财田社福二赈东电。查灾区各地槽坊酿酒每月所耗粮食甚巨，当兹灾重粮缺，时间兹应严予禁止，俾资节省粮食而宏救济。除由省府电灾区各县禁止酿酒，并禁止粮食运出灾区。关于酿酒一案，应予通知各县酿酒槽坊自令到之日起应即停酿，违者即（此处原文为"于"）予严惩，仰即遵办具报等，因事此除分电并布告周知外，合行电仰该区、会、乡镇长自令到之日起所有各该辖境内

---

① 谯城区档案馆 1947 年民国档案。

槽坊应即一律停止酿酒，如有故违，定（此处原文为"于"）予严惩。仰即遵办具报为安。县长曹璞山社建禁辰□印。

　　县长批示：通令境内槽坊刻日停止酿酒，并停酿日期县报，如有故违，报县严处。

　　民国三十七年（1948）二月，亳县全境解放。解放区日益扩大，国统区危机四伏，国民政府滥发纸币，通货膨胀，物价飞涨。为了防止敌人用法币、金圆券套买解放区物资，减少物资外流，豫皖苏三地委发布了"禁用蒋币"的政策。规定冀币与蒋币比值为1:50，严禁使用蒋币。针对当时颇受欢迎的白酒也制定了专项政策。

　　1948年5月，豫皖苏边区行政公署发布了《征税暂行条例（修订）》，禁止国统区烟酒输入，并规定"酒店、酒贩不征收酒税，酒税之征收依酒厂实际产量，于月终

刚刚解放的亳县群众查看安民告示①

---

① 国家图书馆·老照片库。

一次征收之。其税率为，大曲酒为百分之二十，小曲酒为百分之十。烟酒税征收估价，由工商分局每月于月初规定，月内不得变更"①。

亳县民主政府还设立了专酿专卖处，年销白酒6万斤，通过自产白酒，减少国统区白酒输入。并在南门开办了一家酒厂，建发酵池20多条，1952年停办。

新中国成立前夕，亳县全城仅剩18家槽坊。在复杂多变的政治局势下，亳州酒业惨淡经营，在华东地区积累了一定声誉。残存的槽坊经过公私合营的社会主义改造后，成为今天亳州酒业的前身。

---

① 谯城区档案馆1948年民国档案。

116

第六章
新中国成立后酒业的新生

古井贡酒的新生

中华人民共和国成立后，党和政府十分重视酒业发展。

酿酒业是 20 世纪 50 年代最先发展起来的产业之一，除了北京、天津、上海各自建起较大型的国营酒厂外，不少地方也都建起了地方酒厂。在粮食紧缺、原料困难情况下进行了用不同杂粮造酒的试验。

为了推进酒业发展，1958 年成立了轻工部发酵工业研究所，开始了对各种酒类的研究和开发，在无锡轻工业学院和天津轻工业学院设立了相关专业，专门培养酒业发展所需人才。为了提高白酒生产效率，轻工业部多次召开白酒机械化会议，进行有组织的推动。

除了可以满足基本需要，白酒行业发展门槛低、税收高，也是农业县进行工业化的终南捷径。1949 年 9 月，全省实行酒类专酿专卖政策，阜阳地区（当时亳州原名亳县，归属阜阳管辖）决定在 10 个县，每县建一个县级国营酒厂。在此背景下，亳县、涡阳与蒙城等地均开始了县办酒厂的尝试。

1949 年 9 月，涡阳县人民政府接管"广和""会海"两家酒坊。次年又租借"永源公"槽坊的厂房设备，建立高炉酒厂。当时厂内生产设备十分简陋，主要依靠人力。接管时，"会海"有酿酒作坊16间，锅甑1口，发酵池10多条，日产白酒200多公斤。1952年，由地方财政和省工业厅投资100万元（旧币），建酿造车间和原料破碎车间各1个，并扩建仓库、厂房等。1958年，由省工业厅拨给高炉酒厂20万元（新币），增建厂房18间，仓库24间，酒库17间，窖池325个。高炉酒厂成为全省酿酒业中规模最大的酒厂之一。[①] 1958年3月，蒙城县人民政府在东关筹建国营蒙城酒厂，职工58名，使用土法酿造白酒，年产约200吨。[②] 同年7月，亳县人民政府投资12万元建立的国营亳县酒厂投产。当年生产白酒200吨。次年，产量上升到420吨。至1964年，亳县各酒厂白干酒年产量达到500吨。1969年，利辛县酒厂成立，主要生产薯干酒。为了扩大产量，当时许多新建酒厂主要使用薯干酿酒，采用了液态发酵的办法，利用食用酒精串香、勾兑，产品主销农村。[③]

除了政府主办的国营酒厂，各公社大队也办了一些规模较小的社办酒厂。后来，这批小酒厂大多消亡，而亳县张集乡第十一人民公社在减店集"公兴槽坊"旧址上办起的"减店酒厂"却脱颖而出，赓续了"古井贡酒"的传奇。

1958年，安徽大办代用品酿酒，当年秋天，安徽省轻工业厅把重点放在皖北地区"山芋茹子"的利用，在阜阳派驻了一个工

① 涡阳县地方志编纂委员会编，《涡阳县志》，黄山书社1989年版，106页。

② 蒙城县地方志编纂委员会编，《蒙城县志》，黄山书社1994年版，151页。

③ 亳州市地方志编纂委员会编，《亳州市志》，黄山书社1996年版，182页。

作组，并成立一个代用品酿酒办公室，并派张树森会同省厅抓亳县和涡阳县。

当年 10 月，张集乡第十一人民公社在减店集（今古井镇）"公兴槽坊"旧址上办起了"减店酒厂"。酿酒工人怀着对有数百年历史的老窖和曾作为贡品的减酒的留恋之情，暗暗投了几百斤高粱在老窖中试酿。当时亳县工作组余平、傅云、张树森来检查代用品酿酒时，在饭桌上喝到此酒，一致称道。走时，带回四瓶样酒返县，省厅食品局工作组的同志带两瓶到省里让专业人员品评。著名白酒专家周恒刚回忆说，"亳县有一种酒不错，我们就让大家品评试试看。"大家一致认为：此酒风味独特，近似浓香型，入口绵，落口甜，回味悠长，国内少见。

安徽省轻工业厅因此派人专程赴亳县减店酒厂，考察减店集

昔日减店集（摄于 1960 年）

121

的酿酒条件和水质情况，并询问当地老人，查阅有关资料，掌握"减酒"的生产史料后，将样酒呈送省长黄岩和省委书记曾希圣。并当即提出四条意见：保护好现已使用的老池以及空闲的老池；对现有的两缸酒，除抽样外，进行封口储存，再出酒再储存，听候处理；此酒动用粮食生产，不作私酿违章处理，并建议继续投料扩大生产，下年生产用粮由省厅设法解决；根据房屋条件靠近老池，可以开挖新池，并将此事向县有关部门汇报。①

安徽省轻工业厅与食品局重新组织专家认真品评，并与省内外名优酒互相比较，认定该酒风味独特。1959 年 4 月，轻工业部在河南商丘市召开全国酿酒会，古井人送去了经过半年储存的减酒。根据减酒有进贡皇上的历史，使用古井泉水酿制，余平、傅云等决定给减酒重新起了"古井酒"和"古井贡酒"两个名字。在那个年代里，有人觉得使用"贡"字，怕被冠上"封建色彩"，担心难

最早的古井贡酒

①《聂广荣》编纂委员会编，《聂广荣》，安徽文艺出版社 2018 年版，156 页。

以通过，有些动摇。经过反复讨论与推敲，最后还是决定使用"古井贡酒"这个名字，以古井为注册商标，因时间仓促，临时以粉红纸打印了"古井贡酒"四个字并附简要说明贴在瓶上送给大会。会议后期，经王毅之副部长批准，按每桌两瓶供品尝。当晚此酒便成了与会代表们的议论中心，全国同行们给予很高评价。

后来减酒又贴上"此酒以百年老窖和古井泉水所酿，老五甑操作工艺，曾进贡过帝王"的标签，送至中华人民共和国轻工业部食品局酿酒处鉴定。1959 年 4 月，安徽省轻工业厅拨款 10 万元，建成大曲酒车间、粮仓、酒库及破碎车间各 1 幢。7 月 21 日，亳县减店酒厂改为省营酒厂。

10 月 16 日，安徽省轻工业厅通知，亳县减店酒厂所生产的高粱大曲经省领导研究决定命名为"古井贡酒"，其根据是：东汉建安元年（196）曹操将家乡的九酝春酒以及酿造方法献给汉献帝刘协，自此"九酝春酒"成为历代贡品；其二，现在酿酒取水之古井系南北朝遗迹，距今已有 1400 多年的历史。古井贡酒这个以用水之井和酒的历史命名应该说是无可非议的。在 1960 年 2 月 26 日，古井酒厂按级申请注册古井牌古井贡酒商标时，3 月 18 日，中国工商行政管理局却致函答复：古井酒厂申请注册的古井牌商标可以使用，但古井贡酒最好改为古井酒，简介的第一段可删去（即曹操与贡酒的关系，笔者注），并加注汉语拼音和注册商标 4 个字。

1960 年 4 月 18 日，安徽省专卖公司经理高四龙给中央工商行政局写信说："我的看法，贡字放在上面有什么不好？况经黄省长（黄岩）提议，不用贡字可能因为有封建名词，就认为这个理由，我国和世界各国对这样的字眼还是用，而贡字表示过去是封建所用，现在革命落到人民手中，这不正说明像故宫等大型建筑回到人民手中一样吗？我意最好是不去贡字，若去还是请黄岩省长同意才行。简介原始的不用则可，若用，第一段就不能删去，如果硬性删去，那就失掉简介的意义了，或者说意义就不大了。如果说曹操与别的名酒有碍，那可以看看郭沫若同志替曹操翻案的文章。目前，我国戏剧舞台上，还在那里称孤道寡是否也要修改呢？还是我们的宣传部门来出个主意呢？"经过各方努力，中央工商行政管理局同意使用古井牌古井贡酒的注册商标和产品简介。

省长黄岩命名"古井贡酒"后，书法受到毛泽东赞誉的安徽省原副省长张恺帆（后任安徽省政协主席）题写了酒标。"古井贡酒"四个字，气势浑厚、婉若游龙、笔锋挺拔，与古井贡酒的风格相得益彰。

"酒中牡丹"享誉四海

虽然条件异常艰苦，但以聂广荣为代表的古井酒厂职工艰苦创业，酿造出了质量优异的古井贡酒。1960 年 7 月全省酿酒会上评比，古井贡酒首登全省优质宝座。以后逐年评比，无须县、地推荐，以种子队直接参加省里评比，历年夺冠。

1963 年全国要举行第二届评酒会，根据文件精神，各地、市按省分配名额择优推荐，由省轻工业厅派人到厂，会同当地有关部门在现场抽封样品，严格按照评酒规则进行。"古井贡酒"以全省第一的总分，被安徽省选送到北京参加第二届全国白酒评酒会。据知情人余平、傅云等老领导回忆：按国家规定参评条件，必须年产量在 50 吨以上，库存不少于 20 吨，古井因为恢复时间段，库存不够，而淮北的"口子酒"符合规定，但它是全省总分第二，究竟送哪个酒，省厅里也有争议。最后省厅对比分析觉得，"口子酒"获奖可能性不大，最后决定，向中央再要个指标，两个酒都报上，但大会不批，只同意让"古井贡酒"报评。

全国评酒会作为当时酒类行业最高的竞技舞台，即使是已经享誉全国的酒厂也不敢掉以轻心，更无遑当时还名不见经传的古井贡酒。全国各地参赛的酒有近两百种，还不包括在第一届评酒会上荣获金牌的 8 个种子选手。8 个种子选手中，就有山西汾酒、贵州茅台、陕西西凤酒、四川泸州老窖等四大名白酒。古井贡酒能在这场角逐

全国评酒会品评现场

中，通过 36 名全国评酒委员的严格检验，首先进入全国优质酒，进而步入全国名酒的行列吗？

古井贡酒在接受一场严格的"考试"，当年目击评酒会的《大公报》的一位记者这样写道：评酒会开幕前夕，贮酒室里显得异常忙碌。工作人员将 196 种酒样分类密码编号。从开始评酒的那天起，由贮酒室里端出来的酒样，都盛在统一的容器，如白酒、黄酒、果酒用高脚玻璃杯，啤酒用大玻璃杯，每一个玻璃杯上除了标明阿拉伯数字号码外，没有任何识别记号。评酒期间，评酒委员们只能就酒论酒。

36 名评酒委员在评酒期间要绝对遵守"八项纪律"，品评次序：先评外观，再嗅气味，最后口尝；评酒时不得吸烟；每评一个样品酒必须以清水漱口，并隔 3—5 分钟后进行品评；不得互相交换意见和互相观看品评结果；保证充分休息和不吃有碍味觉的食品……

评酒委员们各种各样的动作、姿态，使整个评酒会场笼罩着一种严肃的气氛。有的人正襟危坐，高高举杯对着灯火凝视；有的人并举双杯左右比较；有的人将白纸衬托在一排酒杯后面低头弯腰，像鉴别名画的真伪一样细致入微；有的人在面前点起蜡烛

移近酒杯仔细照视；还有的人干脆掏出放大镜来，痛快地看个明白。

一场无声的角逐，一场品质的大赛。出乎意料，又在意料之中。偏居一隅的古井贡酒终以"色、香、味都属上乘"，以全国第二名的优异成绩，一举跻身于八大名酒之列！

"酒界泰斗"周恒刚先生回忆说："全国一共有五次评酒会，从第一届到第四届，都是由我主持。古井贡酒是第二届参加的。那时候质量是相当不错的。当时是在北京东单北京军区招待所里举行的。封闭式的，不许别人看。评酒都是秘密的，谁也不知道是谁的酒。清香型的酒少，厂子少，样品少，评一次就过去了。浓香型的多，评了四次，一次几十个组，每组六个酒，淘汰四个剩两个；再把每组入选的两个酒放在一起评，最后选出前八名决赛。当时，中国的风气也很好，绝没有像现在有一些不正之风。当时，评出的结果，古井贡酒名列第二，这使我们评委为之震惊，纷纷问，古井厂是哪儿的？怎么从来没听说过呢？一个从不知名的小酒厂，怎么会有那么好的酒呢，被评为第二名？应该说这第二届评酒，才是中国酒的真正评比。1952 年的第一届评酒，基本上不能算是正规，那时大家对酒的概念还不太清楚，那一届也评了八个，有青岛啤酒、白兰地、张裕，白酒只

1963 年，古井贡酒成为中国名酒，当时的《大公报》记载了盛况

1963 年，古井贡酒荣获全国评酒会金奖

有四个。第二届评出的八大名酒才能代表白酒的水平。"

1964 年 2 月 17 日，周恒刚在一篇文章中，给古井贡酒下了"色清如水晶，香纯如幽兰，回味经久不息"的评语，后来，张树森又加上一句"入口甘美醇和"，把这几句话加起来，这就是现在世人对"古井贡酒"品质评价最为经典的四句话。

自此，古井贡酒便以"酒中牡丹"的美名而享誉四海。

"老八大名酒"与"四连冠"

1963 年，名不见经传的古井贡酒一举获评全国评酒会第二名，全国同行为之震惊。

然而古井人的奇迹并没有结束，1979 年、1984 年、1989 年，古井贡酒又三次蝉联金奖。

提起这段传奇，在老一辈古井人的口中，"聂老广"发挥了重大作用。仿佛每个古井人提起古井首任厂长总会说起聂广荣，总会谈到他的刚烈、专注和勤奋。事实上，他直到 20 世纪 70 年代才真正成为古井贡酒的掌门人。在他之前也有很多干部来到古井任职，但只有他以艰苦创业的精神扎根古井，所以也被后人称为古井贡酒的奠基人。

1959 年秋天，在县委领导的推荐下，时任亳县专卖公司副股长的聂广荣被任命为副厂长。他带着简单的铺盖卷，只身来到减店，从此和古井

聂广荣（右）与职工一起参加制曲劳动

129

贡酒结下了不解之缘。

他要负责的这个厂当时只有 32 名工人、12 间民房、1 个锅甑，日产大曲酒 200 斤。生产全靠人力，运输原料靠大筐抬，破碎原料靠人推石磨，照明靠煤油灯，晾晒制曲靠扇芦席。聂广荣带着工人们，披荆斩棘，顽强创业。在破碎粮食的石磨旁，他拷着纤绳埋头苦干；在运粮食的车辙里，他和工人们的汗水淌在一起；在排队扬锨的队列里，也少不了他瘦高的身影。工人们把他看作兄弟和亲人，大家只有一个铁定的主意："多出酒，酿好酒，就是要干出名堂！"

在古井贡酒的创业时期，聂广荣一面抓生产，一面树起了古井的精神旗帜。他提出的口号成了全体员工的行动准则："大干特干加实干，超额完成任务是好汉！""擦擦汗，拨拨灯，酿出贡酒上北京！"他还创作了总结生产和鼓舞士气的歌谣：

> 人担水，驴拉磨，
> 手拌曲麸用脚和。
> 老虎灶，土甑锅，
> 木锨扬晾抬筐拖。
> 冬用手，夏用脚，
> 二八月里不要摸。
> 泥土池，茅草窝，
> 贡酒香甜真好喝。①

---

① 《聂广荣》编纂委员会编，《聂广荣》，安徽文艺出版社 2018 年版，163 页。

聂广荣不仅是生产能手，还是思想工作的专家。他不仅荣获"全国五一劳动奖章"，还是"全国优秀思想政治工作者"。提起聂广荣，古井人没有不怀念的，他也被员工们亲切地称为"聂老广"。

1979 年，聂广荣向新华社记者朱云凤介绍古井产品

在古井酒文化丛书《调查古井贡》中记载了 20 世纪 90 年代采访老职工和聂广荣的故事，许多故事听起来至今让人记忆犹新。如博物馆原馆长周乐义就讲了聂广荣许许多多动人的故事。

聂广荣向青年工人讲述创业故事

131

周乐义自军队营连级文职退伍后，在酒厂任政工组长，聂广荣没有因为他的级别而害怕，对所有职工都一视同仁，严格要求。周乐义说："聂厂长每天早上天不亮，才四点多，就起床到车间里转两圈，然后放喇叭让大家起床打扫卫生，像'周扒皮'一样。老聂长得膀大腰圆，一米八的大个子，大鼻、大眼、大嘴、大手、大脚，工人都怕他，他经常光着大膀子和工人一起抢木锨，扇大风扇，一起出酒糟。"

创新精神这一制胜法宝，在聂广荣身上尤为突出。如改进老五甑工艺，发明人工老窖，架子曲工艺等。聂广荣本来不是酿酒出身，他积极向老工匠求教，通过勤奋的学习和劳动成为酿酒全能人才，"酿酒上的事情谁也瞒不住他"。他没有满足于已有的知识，而是追求极致主义，特别是与张树森合作发明人工老窖，打

聂广荣（前排左一）、张树森（前排右一）与部分古井酒厂职工合影

破了"百年老窖出好酒"的神话，震惊了整个白酒行业。

从老酒工们提供的情况中，他们发现：泥池比砖池出的酒质好，而怀氏公兴槽坊留下的老池出的酒更好，真是个百年老窖贡酒香。他从老池中抠出一团窖泥，其色深青，柔软细腻，酒香扑鼻，和普通黄土的粗糙刺肤以及土腥味儿恰成鲜明对比，他开始朦胧地认识到，酒香来自池泥，池泥要肥熟，难道坐等新池自然变成老池？要等上百年，贡酒如何大幅度增产？能不能超越历史，按老窖的理化成分，人工制造出老窖泥？

他们带领工人一起挖池子，把老墙土、菜园子土拌上酒糟，将底锅水、黄浆水填进池内，隔几天翻翻土，防止板结，加快老化。同时还将一个有着50年池龄的砖池揭去砖，做池泥与砖池的对比实验，反复比较。最后他们放弃了用黄胶泥做池底的打算，胶泥含有机成分少，质地坚硬，不易渗透，土质变化慢，换

古井酒厂工人将生产物料搬运到新建车间（摄于20世纪60年代）

133

1987 年，古井贡酒成为国宴用酒

成沙壤土。他们天天蹲在池边观察、比较、分析，一见池底干了就浇黄浆水，板结了就抢起铁镐刨，功夫不负苦心人，结果，他们真的培养出了微生物丰富的"人工老窖池"。用这样的新"人工老窖池子"照样酿出了与"百年老窖"池相似的好酒。后来，张树森又把百年老窖泥和人工老窖泥以及黄土拿到地区科研部门去化验，结果表明，人工窖泥与老窖泥的理化性能极其相似，其中氮、磷、钾、有机值等含量丰富，比黄土高出好多倍，这是产生贡酒浓香的主要条件。

1965 年 10 月，四川泸州。全国第三届名白酒技术协作会上，与会专家品尝人工老窖发酵生产的贡酒，震惊不已，连连称赞。聂广荣成了人们"围攻"的焦点，他们争相邀他帮助改建发酵池。对此成果，1978 年轻工部做了充分肯定，"古井酒厂人工老窖的出现，使全国浓香型大曲酒的生产进入一个新的发展时期。"

1987 年，古井贡酒入选国宴用酒。1989 年，古井贡酒再次荣获全国评酒会金奖。在合肥举行的最后一次评酒会上，古井酒厂负责人聂广荣、杨光远等做了一个决定，把当时参加评酒的全国所有名优酒回购，带回古井未来用于酒文化博物馆建设。过去搞评酒会，各酒厂的参评酒用完后往往当即就分送，古井贡的这次留心收集达成了后来全国仅有的名酒酒样。三十多年过去了，许多名优酒厂已经发生了天翻地覆的变化，但只有古井贡依然保留着这些名酒，这也成为中国白酒博物馆（古井酒文化博物馆）的镇馆之宝。

第七章
古井的跨越与"十里酒乡"

"十里酒乡"的兴起

随着改革开放的推进,白酒行业出现爆发式增长。

由于农村改革取得极大成功,粮食短缺变成粮食过剩,酿酒成为消化粮食的主要出路之一。1984 年,国家不再对酒企调拨粮食,酒厂采用市场价采购粮食,为弥补酒厂成本的上升,酒税从60%降到30%。酿酒行业进入门槛低,税收和利润较大,成为县乡积累资金的主要来源,形成了县乡酒厂遍地开花的局面。"当好县长,办好酒厂",成为时人广为认同的发展秘诀。

1988 年,全国各地放开名烟名酒价格,实行市场调节,同时适当提高部分高中档卷烟和粮食酿造的酒的价格,名酒价格瞬时数倍上涨。白酒放开定价权以后,价格上涨却仍然供不应求,在这一阶段酒企都开始了改扩建工程,产能扩建的规模一定程度上,决定了酒企崛起的速度。

1984 年,亳县人民政府定下了"酒乡药都烟桐地,商业轻工旅游城"的发展目标。由副县长苏迅、赵凤岐等主抓酒乡建设,规划以古井酒厂为龙头,以区、乡、村、民四级小酒厂为龙尾的"十里酒乡"。① 计划以滚雪球的方式大力发展乡镇酿酒业, 从而

① 谯城区档案馆亳县人民政府档案。

139

20世纪80年代初的古井酒厂俯瞰图

带动全县经济发展。1984年，全县上马了16家乡镇酒厂，规模较大的有张集区酒厂、魏岗区古松酒厂、古城区龙德酒厂、十八里区涧清酒厂、五马区黄楼酒厂、汤陵区周庄酒厂等。这一年，全县白酒产量达到1501万斤，实现产值1245万元。1987年上半年，又兴办了177家小酒厂，固定资产投资增加到1670万元。汤王贡酒获得部优称号，曹操贡酒、三曹贡酒、怀家古贡酒、魏王酒等被评为省优产品。金不换、店小二、难得糊涂和金口酒等成为最为畅销的产品之一。截至2000年，全市年销售收入500万元以上白酒厂家4家。

1987—2000年亳州市（县级市）饮料酒产量一览表①

单位：万吨

年份	产量	年份	产量
1987	1.89	1994	6.60
1988	1.27	1995	13.40
1989	1.67	1996	14.20
1990	3.50	1997	15.30
1991	4.40	1998	13.80
1992	5.90	1999	7.66
1993	6.40	2000	8.59

1980年，高炉酒厂从安徽省人民银行贷款130万元，安徽省工业厅拨款60余万元，筹建年产千吨大曲酒车间，次年10月竣工投产。至1983年，年生产能力达到3500吨。主要生产高炉大曲、高炉特曲、高炉陈酿、高炉双曲等品种。1982年，高炉陈酿被评为安徽省名酒，1984年被评为部优产品，获铜杯。1995年，

---

① 亳州市地方志办公室编纂，《亳州市志（1987—2000）》，黄山书社2013年版，162页。

以高炉酒厂为主组建了"安徽双轮集团"，2001年改为"安徽双轮酒业有限责任公司"。其后，推出以徽派家文化为背景的高炉家酒，风靡安徽。2005年，"高炉"

20世纪90年代的高炉特曲

被认定为国家驰名商标。自20世纪90年代开始，高炉酒厂就是涡阳县的利税大户。1993年至2002年，十年间实现销售收入45亿元，实现利润4.8亿元，上缴税收6亿多元。

1980年，蒙城县国营酒厂开始扩建。1982年，研制成功"漆园春"牌芝麻香型大曲酒，1984年获评安徽省工业优质产品。1985年，酿造各种白酒4896吨。

1984年，利辛县酒厂建成年产500吨大曲酒车间，改进生产设备，开始生产成品酒。其生产的黄湖白酒、黄湖大曲、春泉酒以物美价廉深受市场欢迎。①

除了地产酒的蓬勃发展，古井贡酒也迎来高速发展期。改革开放之前，作为安徽省唯一的中国名酒，古井贡酒的产销完全由主管部门决定，厂家没有自主经营权，长期处于供不应求的状态。原亳县常务副县长孙霞光曾回忆道："上世纪80年代初日常生活用品，特别是名烟、名酒在市场上是奇缺商品。在那时谁能买到两瓶古井贡酒不是有钱没钱的标志，而是身份地位的象征。

---

① 利辛县地方志编纂委员会编，《利辛县志》，黄山书社1995年版，168页。

因为是名酒，需求量很大，上至国家机关，下至各省自治区以及普通民众，可谓是求酒若渴。很多人从全国各地慕名而来，通过各种关系想方设法想搞点古井贡酒。特别是每到逢年过节的时候，有些人往往从几百公里甚至上千公里以外的地方开着专车前来买古井贡酒。我住的那个院子也经常会站满买酒的人，即使我讲得口干舌燥，他们还是不相信那么大一个名酒厂会没有酒。"

20世纪70年代初，当大多数国有企业仍在奉行平均主义，吃大锅饭时，古井管理团队却敏锐地察觉到大锅饭背后的危机。有些单位人浮于事，分工不清，出了问题又相互扯皮；一些员工认为自己抱着铁饭碗干多干少都一样；还有些员工认为自己的收入与付出不成正比，干起活来浑身没劲。

1978年12月，亳县古井酒厂试行基本工资和奖励制度的改

1988年，时任省委书记李贵鲜（前排左二）来厂考察工作

1980 年，全国名白酒第六届技术协作会议在亳县召开

革，改变了"吃大锅饭"的社会主义的传统做法，打破了"铁饭碗"用工制度，走出了古井贡酒改革的第一步。

1980 年，全国名白酒第六届技术协作会议在古井酒厂召开。全国近百家酒厂、科研单位、大专院校的 200 多名专家和科研人员来到亳州，济济一堂，总结名曲酒、优质酒的生产经验和科研成果，共同探讨酿酒工业现代化问题。与此同时，专家们在参观了古井酒厂、品尝了古井贡酒之后，对古井贡酒给予了很高的评价："色泽透明，窖香浓郁。甘洌爽口，味较协调，尾子干净，余香悠长。"这是亳州地区第一次举办全国性白酒交流大会，提升了亳州作为白酒产区的知名度。

1986 年，亳县古井酒厂提出"质量第一，信誉第一，严于治厂，注重效益"的"十六字"办厂方针，在全厂内实行四项重大经济改革，改干部任命制为聘用制，全厂聘用 28 名正、副科长和33名正、副车间主任。调整了企业内部管理体制，改革全厂单一经济核算形式。同时，改革分配制度，兼顾国家、集体、个人三者利益。1990年，亳州古井酒厂变革领导体制，理顺党政工三者关系。改革人事制度，实行聘任制，打破工人与干部的界限，搬掉"铁交椅"，量才任用，进一步激活古井酒厂内部员工的热情，提高了广大职工的主人翁意识。

20世纪80年代之后，经国家计委、轻工部、省经委和省计委批准，古井酒厂先后进行四次大规模的扩建。第一期年产1000吨生产能力，投资230万元，1980年10月开工，1982年6月建成投产。第二期年产1000吨生产能力，投资555万元，1983年10月开工，1985年7月建成投产。第三期年产3000吨生产能力，投资2987万元，1985年3月开工，1987年10月建成投产。第四期年产4000吨生产能力，投资4115万元，1987年8月开工，

古井与茅台技术人员交流品酒（摄于1980年10月）

1985 年 3 月，古井贡酒三千吨扩建工程启动

1989 年 12 月建成投产。① 经过扩建，古井酒厂成为安徽省产能最大的白酒企业，这为 20 世纪 90 年代古井贡酒迈入三甲打下了坚实基础。

改革开放以来，白酒行业总体呈现出一张一弛的螺旋式发展特点，即快速发展一个时期，随即进入一个调整阶段，经过徘徊和积蓄力量，再进入下一个快速发展期。白酒行业的发展与国家政策风向的变化息息相关，表现出与国家宏观经济发展相适应的节奏。

20 世纪 80 年代狂飙突进式的白酒行业发展投入塑造了今天亳州地区以酒闻名的城市形象，一段时间内造就了百家争鸣的市场态势。随着市场经济改革的深入，经过市场竞争，形成了以古井贡酒为龙头的优质白酒产区。

---

① 《古井贡酒志》编纂委员会编，《安徽省志·古井贡酒志》，方志出版社 2016 年版，27 页。

"茅五贡"时代的古井贡

历史是一条不息的河流，每个时代都有勇立潮头的企业引领行业前行。

1989 年，国家提出整治并限制政府白酒消费，白酒行业进入寒冬。亳州古井酒厂在行业内率先提出了"降度降价""保值销售""区域隔断"等策略，古井贡酒业绩迈入行业三甲，完成了由普通名酒厂到白酒龙头企业的转变，中国白酒行业进入"茅五贡"时代。

1988 年名酒价格放开之前，茅台、五粮液、泸州老窖、古井贡酒、汾酒等名酒在价格上处于同一梯队，但从 1989 年开始，以五粮液为首的名酒企业开始提价。1989 年五粮液开始第一次提价，售价达到 30 多元，超越了当时浓香型白酒领军品牌泸州老窖；1994 年五粮液再次提价，超过了连续六年位居中国白酒销量第一的汾酒"汾老大"。

1989 年，国家提出整治并限制政府白酒消费，名酒呈现出了"三个不喝"：老外不喝、党政部门不敢（公费）喝、老百姓不喝（价格贵）。同时为抑制 1988 年末逐渐开始显现的通货膨胀，国家从 1989 年开始对宏观经济进行"治理整顿"，实行适度从紧的

147

货币政策，这是改革开放后中国经济的第一次治理整顿，白酒行业也受到较大影响：一是部分靠银行贷款支持扩大产能的企业遇到较大资金压力；二是部分提价过高的产品令普通老百姓难以承受，不少酒厂销售受到一定影响。

面对市场寒冬，古井酒厂提出了"负债经营"的策略，先将酒赊销给客商，等客商卖出产品后再收取费用。"负债经营"的策略使古井酒厂也承受着不小的负债压力。1989年6月，古井酒厂负债1700多万元，产品资金占压达5000万元。然而，"负债经营"策略经受了市场的检验，客户先卖后买，不但将钱款还清，而且稳住了市场。

1989年，国家下发了国家名酒的计税基准价，并要求名酒企业不能随意降价。面对市场的变化，古井酒厂重新梳理产品定位，并为古井贡酒提出了"质优、量大、价廉"的市场新定位。

1989年7月底至8月初，古井酒厂邀请省内外100多家客户聚会黄山，并在行业内第一次提出了"降度降价"的概念。"降

1992年古井酒厂大门

148

度降价"策略的核心就是通过降低产品度数，下调产品价格，提升产品销量。古井酒厂在原有 48 元一瓶的 60 度古井贡酒价格之下，增加了 20 元一瓶的 55 度古井贡酒和 15 元一瓶的 38 度古井贡酒，还在原有 4 元一瓶的古井玉液价格之上，增加一个新档次——6 元一瓶的古井特曲。

对刚刚从计划经济走来的大部分消费者而言，名酒的招牌就是品质的保障。"降度降价"打破了居高不下的名酒价格，也打动了众多客商。在黄山订货会上，古井酒厂收获了 5100 吨的购酒合同。在众多的白酒厂家内外交困之际，古井贡酒的降度降价策略成功绕开了当时令人头疼的基础税较高的制度限制，提前拉低价格，在全国白酒行业中率先冲出了低谷。

对于古井贡酒率先实施的"降度降价"，"酒界泰斗"周恒刚评价说："古井的降度降价是中国白酒的一场革命，从此使中国白酒走上了低度化的道路，拉开了中国白酒降度降价的序幕，使中国名白酒真正开始走上了市场！"[①]

1989 年 11 月，中国白酒界聚会太原，正式认可"降度降价"为"技术性处理措施"，茅台、五粮液、泸州老窖等众多名酒厂纷纷效法。茅台酒从每瓶零售价 208 元陆续下调到 183 元、125 元、95 元。五粮液价格陆续下调到 91 元、74.8 元、60 元、45 元，泸州老窖特曲价格下降到 60 元、35 元，其他名酒价格都出现了不同程度的下调。

随着"降度降价"策略的推行，名酒会不会再度降价的疑问充斥在市场上。1989 年 11 月 8 日，古井召开销售会议。会上，

---

① 都沛、杨小凡著，《调查古井贡》，《中国作家》，1999 年第 6 期。

古井人在行业内第一次提出了"保值销售"的概念。"保值销售"即规定一年内，所有经销古井系列酒者，凡属企业降价或国家政策性降价引起的一切损失均由古井酒厂承担。反之，此间如发生涨价，一切收益归商业。古井酒厂还在会议上公开表态："所有经销商统计现有库存以及古井贡酒价格下调后所遭受损失，均由古井进行补贴。"此后，古井酒厂将187万元补贴全部支付给各个经销商。"保值销售"强化了古井酒厂的信誉，化解了经销商继续销售古井系列酒的顾虑。

1989年，古井酒厂不仅是全国同行业唯一没有滑坡的企业，而且利税首次跃居全国最大工业企业500强之列，荣获"共和国经济大厦的支柱企业"称号。

20世纪90年代是中国社会商业、思想、文化的分水岭。全民走向商业化，曾经的"谈钱色变"时代一去不返，"羞于谈钱"的空气也一散而空。财经作家吴晓波曾在书中写道："1990年出乎意料地展露出全民商业化的面貌，人们变得越来越实际，如何尽快地改变自己的生活状态，如何发财致富享受生活，成为一个公开而荣耀的话题。"

1994年，上市的55度古井贡酒

随着由计划经济向商品经济和市场经济的转化，一段时间内"何为第一"的问题被企业界争论不休，有人主张质量第一，有人主张效益第一，也有人主张经营销售第一。古井酒厂率先提出把"名牌"转"民牌"，把商品价格定在普通消费者能接受的区间内让名酒搬上老百姓的日常餐桌，这个理论也被经济界称之为"餐桌理论"和"民牌效应"。

1991 年，古井酒厂正式确立其最高经营准则："提高广大人民的生活质量"，并先后推出古井佳酿、古井特曲、古井酒等 20 多种适应不同消费层次的产品。据资料记载，1993 年底，古井产品已形成一个香型、两大品牌（古井贡牌、古井牌）、三个档次（高、中、低）、50 多个品种、近百种规格的完整产品体系。1993 年，古井贡酒系列被国家统计局评为知名度最高、口感最好、销售覆盖面最广的名白酒。1999 年，古井贡商标被国家工商局认定为中国驰名商标，是安徽白酒类第一家中国驰名商标。

在白酒市场布局上，古井酒厂最先向市场深度进军。自 1989 年以来，古井酒厂便积极地建设市场，连续把 1989、1990 年定为

1991 年 11 月，安徽古井实业集团成立

151

"销售年"，1991、1992、1993 年定为"管理服务年"，1994 年和 1995 年定为"市场建设年"，并提出了"一切服务于销售，一切服从于销售"的指导思想。古井的市场领地扩展到东北、西北、华北、中南、华东、闽赣、豫皖 7 大市场，形成 20 多个主导销售区，产品覆盖了全国所有省区及东南亚、欧、美等 18 个国家和地区。

鸡蛋不能放在一个篮子里。1992 年古井成立了安徽古井实业集团，摆脱了单一的白酒生产经营，走向了"一业为主，复合增长"多元化经营的道路。古井大酒店、古井矿泉饮料厂、古井房地产开发公司、pvc 塑胶公司、古井惠阳实业公司……北到黑河，南到澳门，东到蓬莱，西到西藏，到处都有古井人活动的足迹。古井集团在资本市场频频扩张，创造了新中国的第一瓶果粒橙、第一瓶矿泉水、第一个闪存 U 盘等意想不到的成就。

20 世纪 90 年代古井贡长期居于白酒行业产值前三，一度位居白酒行业产值第二。1992 年，古井贡酒利税突破亿元大关，在中国 500 强企业中位列第 148 位，综合经济效益居全国饮料行业第二位。

大河有水小河满，亳州地区的其他规模以上白酒企业在 20 世纪 90 年代迎来了高速发展期。

古井贡酒的创新

对于一个企业而言，只有创新突破，才能拥有未来。对于亳州而言，创新是这座城市的活力之源。

20 世纪 90 年代的古井是全国的明星企业，古井人用一系列创新影响着白酒行业的发展。

90 年代初，古井酒厂相继开发出古井佳酿、古井酒等低中档产品。这些低中档产品适应了中下层消费者的需求，在市场上一炮打响。其中，古井特曲还被评为中国畅销的三大中档酒之一。

凡事皆有两面性。一方面，"降度降价"等策略的实施使古井酒成为老百姓餐桌上的名酒，市场规模迅速扩大。另一方面，中低档酒的热销使古井酒被打上了低端白酒的标签，高端白酒市场的份额不断降低。

市场的变化引起了古井酒厂管理者的重视。经过精心谋划，十年陈酿古井贡酒成功问世。中国人爱饮老酒，自古便有"酒是陈的香""酒越老越好喝"的说法，十年陈酿的创意正好契合了中国人对好酒的理解。为了与传统的中国白酒有所不同，十年陈酿使用了圆柱形瓶体，整个瓶体均由法国进口蒙砂玻璃喷涂而成，瓶体中央采用光学透视原理，凸现出古井贡酒神曹操的头

古井贡酒十年陈酿

像。在酒瓶容量上，十年陈酿参照国际惯例，将十年陈酿的单瓶容量从传统的 500ml 提升到 750ml，瓶体高度达到了 37cm。

1996 年 10 月，作为中国白酒行业第一个用酒龄来命名的白酒产品，十年陈酿古井贡酒在"全国糖酒石家庄交易会"上一面世就吸引了消费者的目光。糖酒会还未结束，库存的十年陈酿便被客商订售一空。

经过一系列的市场铺垫，古井贡酒陈酿系列市场份额不断扩大。据资料表明，1999 年十年陈酿的市场零售价在国内 14 个省会城市平均达 200 元以上，成功打破了古井贡酒中高端产品市场乏力的局面。白酒行业对古井酒厂窖龄酒的评价颇高，著名白酒专家沈怡方将"以酒龄出酒"与"人工老窖""降度降价"并称为白酒界的三次"革命行动"。

原汁原味的原酒才是最好的酒。不少消费者都认为，真正好的酒必须取自优质酿酒原料、辅料和天然水质，这样酒的品质才足够稳定，风味才独特。基于这个贴近市场认知的经验，1998年，古井贡酒在白酒行业第一家推出以"原浆"命名的原浆酒。在古井贡酒原浆酒诞生之前，在我国酿酒专业术语中并无"原浆"这一说法，古井贡酒原浆酒的出现是中国白酒界第一次出现"原浆"。此后，"原浆"成为白酒行业最为时髦的产品概念，许多名酒企业也按捺不住，推出了自己的原浆酒。

20世纪90年代，社会主义市场经济体制逐步确立，市场的作用越发凸显，营销成为短期提升业绩最快最有效的手段。在地产酒阵营中，以孔府家、孔府宴、秦池等为代表的鲁酒企业，将

20世纪90年代的古井贡酒广告彩车

155

白酒带入了广告营销时代。1993年，秦池酒厂开始进军东三省的大门——沈阳，在当地电视台买断段位，密集投放广告，并对消费者试行免费品尝。1995年11月，秦池酒厂以6666万元中标央视黄金广告段成为央视标王，由此一夜成名，身价倍增。1996年，秦池以3.2亿元的天价再度成为"标王"。

古井贡酒也极为注重广告营销。1993年，投入480万元策划了《三国演义》的广告。1994年，投入240万元成功策划《武则天》的广告。1995年，"棋圣"聂卫平来到古井参观，并成为古井贡酒代言者。随后，"下棋做棋圣，喝酒古井贡"成为家喻户晓的广告语。

古井酒厂还制定了"区域隔断"的营销模式。为了避免各地代理商、经销商在产品价格上相互冲击而扰乱市场，古井制定了"一省一策，一地一策，一户一策，灵活定价，与市场接轨"的市场政策。对待不同的客户，不同的区域，实施不同的定价。同时规定，一个地区只允许销售特定的产品系列，每个代理商或经

20世纪90年代古井贡酒在合肥的地面宣传

销商只允许代理特定的一种或几种古井系列酒。"区域隔断"的设置,打破了传统白酒营销中经销商个数的限制,加速了古井贡酒走向全国的市场布局。

1994年6月,古井贡酒开始提升产品价格,并同时采取"两挂一返还"措施。"两挂一返还"即将经销商的选择与销量挂钩,与资金回笼率挂钩,并以货币的形式将部分利润返还给经销商。通过减少一级代理商,增加二级代理商,提升经销商利润,完善销售网络。

1996年,古井贡6000万股B股、2000万股A股在深圳相继上市,古井酒厂相应改制为"安徽古井贡酒股份有限公司"。这是中国白酒行业第一家A、B股同时上市的公司。1998年,古井缴税达3.24亿元,古井贡酒成为亳州最重要的财税来源。

一路的高歌猛进也给古井发展埋下了隐患。一方面,"区域

20世纪90年代初的古井酒厂

隔断"使消费者眼花缭乱,全国性主导产品缺失、市场乏力。另一方面,"降度降价""民牌策略"使古井贡酒品牌形象逐渐下沉,利润空间不断压缩。

1999年,突如其来的亚洲金融危机使市场消费陷入疲软,白酒行业走入寒冬,很多白酒企业滑至破产边缘。行业一路下行直到2002年,白酒产量从最高峰的801万千升锐减至380万千升,全行业净利润总额仅为32.43亿元。2001年白酒从量税政策出台(在原有税收基础上每斤白酒加征0.5元从量征收消费税),让行业内走低价路线的白酒企业雪上加霜。

白酒行业纷纷进行产品创新,部分名酒厂采取了开发高端大单品的模式。如全兴大曲在1999年推出了水井坊,泸州老窖在2000年推出国窖1573,洋河酒厂在2003年推出蓝色经典系列。

2000年,古井提出"调整、提升、改造、转型",要走出低水平、低层次竞争误区。但在市场的变化中,古井集团有了"酒是夕阳产业"的认识,企业战略出现了偏差,经营重心逐渐从白酒主业转移。对外投资多个行业效益不够理想,快速扩张也暴露了管理人才匮乏的短板。在白酒主业方面,产品上的"傲慢"与"保守",导致古井贡酒的市场口碑不断下降,品牌流失、产能不足、税务疑团等一系列问题逐渐发酵。从2000年开始企业效益逐年下滑,2003年甚至出现亏损局面。

2001年,中国加入世贸组织。每年GDP增长百分点保持在两位数,增长率位居所有经济大国之首。有学者测算,加入WTO对中国经济增长的贡献率达到20%—30%,中国成了名副其实的"世界工厂","中国制造"的产品行销到了世界各地。世贸组织释放了改革开放的红利,中国购买力显著提升,白酒行业迈入黄金十年。消费者开始追捧稀缺的优质高端白酒，具有前瞻力的企业纷纷拓宽了价格带，业绩迅速增长。

2003 年至 2006 年，基于品牌、战略、价值观等方面的决策差异，使古井与名酒企业间的差距越来越大。2007 年 4 月，古井集团爆发了震惊全国的"高管案件"，部分高管身陷囹圄。一时间，消费者与经销商对古井唯恐避之不及；工人群众议论纷纷，企业内部也人心惶惶。

古井贡酒一路下行后，亳州地区不少白酒企业逐渐也陷入低谷期，涡阳县的高炉家酒却异军突起。"在家的时候想着朋友，和朋友在一起的时候想着家，高炉家酒，感觉真好。"这是 2001 年问世时，高炉家酒的广告词，以亲情、友情、交情、真情感动消费者，引起消费者与高炉家酒的直接关联联想。同时，高炉家酒聘请了影视明星濮存昕做代言人，首选合肥作为市场"引爆点"。从 2002 年到 2005 年，高炉家酒统治了合肥市场，年均销售额接近 10 亿元。

2007 年初，《南方周末》一篇《古井：一场酿了十年的危机》像一条被引燃的导火索，引发了外界对古井的猜疑与关注。古井贡酒，这个中国名酒还活得下去吗？这个历史难题，由谁来破解？

第八章

中国酿　世界香

黑色旋风

2008 年，年份原浆横空出世，开启了一个老名酒的突围与新生。在随后的 10 余年间，它打破了白酒行业单一年份的标准定位，创造了连续 10 年"两位数"增长的销售奇迹。它的出现不仅重新塑造了古井贡酒高端白酒的新形象，还改变了中国白酒行业的格局。

2003 年至 2012 年是白酒行业的黄金十年。在白酒行业的黄金十年里，高端白酒的竞争在价格层面体现得最为直观。名酒价格的提升被视为品牌战的第一步，53 度飞天茅台、52 度五粮液、国窖 1573 之间的小幅多步提价呈现一种你追我赶的趋势，提价时间间隔短，且后期提价幅度大。

2007 年，古井集团在经历震荡和转折后，在亳州市委、市政府的大力支持下，古井新领导层确立了"白酒产业为主，其他产业协调发展"的发展战略并提出了"回归与振兴"战略，全面聚焦白酒主业。

2009 年，亳州市政府制定出台了《亳州市白酒产业调整和振兴规划》，成立亳州市白酒产业调整和振兴工作领导小组，由市政府主要负责人任组长，市经委、市商务局、市质监局、市工商局等部门主要负责人为成员。2016 年制定了《亳州市工业和信息化发展"十三五"规划》，将白酒产业发展内容列入亳州市工业发展总体规划，进一步明确了发展思路、发展目标和重点举措。

在此背景下，古井集团重新搭建集团管理层，优化人员结构，竞聘上岗，进一步激发集团员工活力，增强集团在市场经济中的竞争力。在市场布局上，古井集团对全国市场进行分类布局和规划，将全国市场分为三大板块，即生存市场区域、发展市场区域和潜力市场区域。针对不同市场区域，采取不同的市场营销策略，聚焦打点，待势发力，点面结合，逐个突破。

经过长期的思考和市场调研，2007 年夏天，古井集团销售负责人梁金辉在"古井贡酒十年陈酿""古井贡酒原浆酒""九酝妙品"等一系列创意的基础上提出了古井贡酒·年份原浆的产品创意。这个以"年份+原浆"的组合来命名的产品，将原汁原味和陈年老酒两大产品卖点有机组合，契合了中国人对美酒的定义。

年份原浆在包装、工艺等各方面实现了重大突破。年份原浆

古井贡酒·年份原浆系列产品

研发部门选取了南北方有代表性的城市作为样本，随机抽选了重度和轻度饮酒的不同消费者（年龄在30—55岁之间），与国内流行的高档名酒进行对比测试，在总计通过3851次的理化指标和口感指标的测试下，对年份原浆酒体进行多次改进和锤炼。年份原浆研发部门在传统古井贡酒的基础上精心调制酒体，并出台了《古井贡酒年份原浆技术规范》，确保年份原浆酒体优于国家标准。

在年份原浆的造型设计上，古井集团也下足了功夫。年份原浆是中国第一款以黑色为主色调的白酒产品。黑色是生命的原色，厚重大气、内敛神秘，代表一种包容万物、积极向上的情怀。年份原浆的酒瓶形状像印玺，古人说："印者，信也。"用了印的文书，就是一种承诺，代表一种信用。瓶头像冠帽，酒标则像官员的补子，蟠龙瓶身像锦袍，象征着步步高升、大富大贵。

2008年的成都春交会上，"古井贡酒·年份原浆"正式亮相，一举惊艳了行业和消费者。上市之初年份原浆的营销额仅为2000万元，一年后年份原浆的营销额便突破2亿元，到了2013年，年份原浆的销售额已上升到30多亿，年份原浆用高速发展支撑起了古井贡酒的品牌复兴，使古井贡酒抓住了白酒行业黄金十年的尾巴。

古井集团又率先提出了"抓好两个终端"的理念，一手抓"硬终端"，做好市场基础建设和网点建设；一手抓"软终端"，做好公关团购，强化高端启动。在市场布局上，古井贡酒及时组建合肥直销中心，实施"1＋1"操作模式，细化安徽的大区设置，实现了安徽市场网点的全覆盖。

古井集团一系列的打法被外界形象地称为"三通"工程。

"三通"，即"路路通、店店通、人人通"。"路路通"是指市场覆盖率，以街道网店为基层单位，构成由点到片、由片到面的立体销售网络；"店店通"是指市场占有率，不放过一个终端，不仅要"寸土不让"，而且要"寸土必争"；"人人通"是指购买率，通过与消费者的长期沟通，提升客户对古井产品的指名购买率。

2008年10月，古井酒文化博览园被评为中国白酒第一家AAAA级旅游景区。古井贡酒酿造遗址公园景观达40余处，包含"华夏白酒第一馆"之称的中国白酒博物馆，四处国家重点文物保护单位，两口千年古井和明清窖池群、明清酿酒作坊遗址，也是中国白酒界迄今为止拥有国家级文物最多、体量最大的酿酒遗址之一。

2012年，白酒行业迎接"政策寒流"。在"三公消费""禁

上市之初热销的"古井贡酒·年份原浆"

酒令"等政策限制下，持续十年的行业黄金期结束。政务消费被打压以后，高端白酒面临无人购买的窘境，市场价格一路下滑。各家酒企在高端酒收入端和利润端双下滑的情况下，希望借助于中低端产品来维持业绩。百花凋零之时，古井集团凭借"三通工程"，在行业内一枝独秀，逆势上扬。

随着年份原浆的走红，各种竞品蜂拥而至，五粮液年份原浆、西凤年份原浆酒等，以年份原浆为产品标识的白酒产品层出不穷。由于行业内众多白酒企业对年份原浆的众多争议，国家商标局于 2009 年 11 月，驳回古井贡酒的"年份原浆"商标注册申请。此后，古井集团开启了长达八年的"年份原浆"商标注册之路。

2010 年 8 月 10 日，古井集团公司发文给亳州市政府请求支持；9 月 8 日，亳州市政府致函安徽省政府。与此同时，"年份原浆"商标知名度市场调查也紧锣密鼓地展开。2010 年 9 月份"年份原浆"商标知名度市场调查完成，并形成书面报告上报国家商

商 标 注 册 证 明

兹证明，安徽古井贡酒股份有限公司在第33类商品上使用的"年份原浆"商标，已在我局注册。注册号为7079302。有效期自2013年10月14日至2023年10月13日。

年份原浆

核定使用商品/服务

第33类：果酒(含酒精)；黄梅酒；若利口酒；酒(饮料)；白兰地；威士忌酒；酒精饮料(啤酒除外)；含酒精果子饮料；米酒；黄酒（截止）

特此证明。

1/1   发文编号：出证20150000217472MZC

年份原浆商标注册证明

167

标评审委员会。

2011 年 6 月 26 日，国家工商行政管理总局副局长付双建主持召开了"年份原浆"商标注册座谈讨论会。梁金辉介绍了"年份原浆"商标的注册诉求，亳州市工商局与市政府、安徽省工商局与省政府的领导分别发表了意见。北京会议形成了年份原浆商标注册的初步共识，开启了成功的大门。2015 年 10 月 13 日，"年份原浆"商标予以注册公告。

2015 年，古井集团董事长梁金辉提出了"5.0 时代"。"5.0 时代"通过建立前端引流、中端体验、末端结算的新模式，进而对公司全部产业进行一体化整合，打破从消费者到厂家的一切间接因素，建立企业和消费者之间的直线连接和互动，实现对传统经营模式的颠覆式创新。

通过呼叫中心、采购中心、物流中心、数据中心四大中心的搭建，古井贡酒可以了解和收集消费者需求，并根据客户订单上

古井集团2007-2018年经营情况
（单位：亿元）

2007—2018 年，古井集团经营状况图

的需求完成采购、生产、配送、数据分析等各个环节。通过古井贡酒品牌体验中心、"城市之家"连锁酒店等古井贡酒实地体验中心，消费者可以体验"酒中牡丹"的韵味。在古井景区，消费者可以进行私人订制，还可以将其转换成理财产品。在北京、上海等地的古井贡酒品牌体验中心，消费者可以参观展览，体验厚重文化。通过"城市之家"连锁酒店，品鉴原汁原味的古井美酒。一个以白酒主业为核心，以终端客户为中心的白酒新时代悄然来临。

从 2008 年到 2019 年，古井集团收入突破百亿，营收上涨了 5.5 倍，利润上涨了 41 倍，上缴税收增长了 8.8 倍。年份原浆脱胎于古井贡酒，挽救了古井贡酒，使企业得以回归高端、回归品牌、回归主业。年份原浆助推古井贡酒从产品创新到营销转变，再到经营机制的彻底进化。

在古井贡酒的带动下，亳州市白酒产业自 2010 年起进入高速发展期，涌现出五家销售收入过亿元的企业，分别为安徽古井贡酒股份有限公司、徽酒集团股份有限公司、安徽省涡阳县酿酒厂、安徽省上上酒业有限公司、安徽金不换白酒集团与亳州市好运酒业有限公司。2012—2017 年间，白酒产量年均增速 3.24%，至 2017 年，全市白酒产能达到 14 万千升，规模以上白酒企业工业总产值达到 118.1 亿元，白酒产业产值占全市工业比重的 9.83%。

白酒产业作为亳州市的工业主导产业之一，始终是重要经济增长点，目前形成了谯城区古井镇和涡阳县高炉镇两个白酒产业集群区。

酒文化的典范

一部酒史，就是一部中国史。酒是一种液体语言，喝的不仅仅是酒，也是喝历史、喝文化、喝乡愁，很少有一样商品能像酒这样被反复提及。人们对酒的消费不仅是生理上的需要，更是精神生活的需求，这种需求便是由文化背景所决定的。新时代酒类市场的竞争，已从单纯的口感、质量、价格之争上升到品牌、文化之争，已从金牌战、广告战、营销战转向对消费文化的内力比拼。

地处中原地区的唯一中国名酒古井贡酒始终把酒文化建设当作支撑企业发展的原动力之一。1998 年，古井贡酒所用的北魏古井被评为安徽省文物保护单位。后来由于种种原因，后续申请"国保"的工作耽搁了下来。

2007 年，古井集团树立"回归高端、回归主业、回归历史辉煌位置"的战略后，在推出核心产品年份原浆后，大力开发工业旅游，推出首个白酒界的 AAAA 级景区，希冀以此带动品牌推广。2009 年，明清窖池所在的车间改造时，偶然发现了一些器型古老的瓷片与陶片。经省、市考古专家研究，地下有可能存在一个古人生活的遗迹。经过 5 个月的讨论与准备，在安徽省政协副主席李修松的支持下，安徽省文物局组织了来自安徽、河南、山西和中国科技大学的十几位专家进行发掘考证。

功夫不负有心人。在开挖了地下两米后，出土了有晾晒用的晾堂、烧酒及蒸馏用的炉灶遗存、排水沟，同时还有若干陶瓷碎片、砖瓦出土，一个完整的酿酒遗址呈现在世人面前。古井集团专门召开了"古井贡酒酿造遗址考古发掘初步成果论证会"。安徽省文物局领导、考古专家表示，可以肯定这是一处古代酿酒遗址，时间是在明朝正德前后。古井贡酒酿造遗址证明了古井贡酒酿酒历史的延续性，需要进行切实的保护，因为它是中国白酒，特别是苏、鲁、豫、皖等地区酿酒产业的杰出代表，具有较高的文化、艺术、科学、经济价值。

在国家文物局副局长罗哲文等多位专家的推荐下，2013年，古井贡酒酿造遗址成功入选第七批全国重点文物保护单位。"国保窖池"成为古井贡酒重要的品牌记忆。

"国保"的认定极大地提升了古井文化的影响力，也为未来的品牌发酵和文化发掘定下了基调。时任古井集团董事长余林和杨小凡副总裁等便开始讨论能不能申请到像世界非物质文化遗产、吉尼斯世界纪录等世界级荣誉。然而由于资料和条件限制，这项工作没有继续推进下去。

吉尼斯世界纪录，一直有社会活动的"奥林匹克"之称，在世界范围内有着极为广泛的影响力。作为全球范围内最有公信力的认证机构，吉尼斯总部每天都要处理来自全世界的6000多份申请，否决率在95%以上。

申请者必须签署一项非常复杂的中英文授权协议，保证自己的记录申请资料绝对真实、经得起考验，并且不损害其他团体和

至今仍在使用的明清窖池群

个人的知识产权和合法利益。初步受理后，还要根据记录管理团队提供的详细规则进行审查，吉尼斯主要依赖邮件和挑战者沟通。整个记录的落实往往需要半年甚至更长的周期。除了要应付对方各种复杂的质询，还要解决语言关，因为吉尼斯的主要文件都是以英文来沟通。

耐心的沟通是迈向成功的第一步。古井集团先后组织往来中英文邮件 40 多封，撰写论证材料 10 余篇，终于引发了吉尼斯全球商务副总裁 Blythe Fitzwiliam（中文名费为民）先生的兴趣。他大学期间专修文学，也曾经在中国交流生活，所以对曹操有着非常深厚的认识。在曹操的"牵线"下，他安排记录部门从蒸馏酒的角度来考察，这给古井的申请最终开了准入证。

2018 年 9 月 19 日，酒神广场庄严肃穆，一年一度的古井贡酒秋酿大典隆重举行。"九酝酒法"作为世界上现存最古老的蒸馏酒酿造方法获得吉尼斯世界纪录官方认证，使整个活动达到高潮。

费为民先生向古井集团颁发吉尼斯世界纪录证书

吉尼斯世界纪录全球商务副总裁 Blythe Fitzwiliam 向古井颁发证书。Blythe Fitzwiliam 表示，这个纪录的认证经过了纪录管理部门、白酒专家和历史专家的长期深入的沟通和研究，是中国酒文化上的又一重大成就。中国作为主要的蒸馏酒生产国和消费国在全球蒸馏酒行业中扮演着举足轻重的角色。希望这个纪录能够帮助中国大众，并帮助世界更好地了解中国的历史和文化。他在致辞中还引用了曹操的名言，并称赞曹操是了不起的酿酒大师。这是中国酿酒行业取得的第一个吉尼斯世界纪录，极大地提升了亳州产区在世界蒸馏酒中的历史地位。

创造美的不仅是艺术家，更是我们身边的工业文明。近年来，工业文化研究方兴未艾。2017 年，工信部发文要评定"国家工业遗产"。申报范围为 1980 年前建成具有工业特色鲜明、工业文化价值突出、遗产主题保存状况良好、产权关系明晰的物质遗存和非物质遗存。具体来说有四点：第一，在中国历史或行业历史上有标志性意义，见证了本行业在世界或中国的发端，对中国历史或世界历史有重要影响；第二，具有代表性的工业生产技术，反映某行业、地域或某个历史时期的技术创新、技术突破等重大变革，对后续科技发展产生重要影响，具有较高的科技价值；第三，具备丰厚的工业文化内涵，对当时社会经济和人文发展有较强的影响力，反映了同时期社会风貌，在社会公众中拥有强烈的认同感和归属感，具有较高的社会价值；第四，规划、设计、工程代表特定历史时期或地域的工业风貌，对工业后续发展产生重要影响，具有较高的艺术价值。

古井集团迅速组织了申报团队，并咨询了南京大学、上海交通大学与工信部等多家单位专家的意见。工业文化专家李玉先生表示，前两批工业遗产中，茅台、五粮液和泸州老窖都是川酒，古井贡代表着中原名酒。中原地区是中国工业历史的发源地，如果没有名酒入选，显然不符合历史事实。

在各方努力下，2019年11月，工信部公布了第三批国家工业遗产名单，古井贡酒·年份原浆传统酿造区代表中原地区的传统名酒产地而成功入选。这次入选不仅说明亳州产区在中国酿造史中的历史地位得到公认，也为未来亳州白酒行业发展提供了不可或缺的文化自信。

国家级非物质文化遗产名录是经中华人民共和国国务院批准，由文化和旅游部确定并公布的非物质文化遗产名录。《中华人民共和国非物质文化遗产法》和《国务院办公厅关于加强我国非物质文化遗产保护工作的意见》（国办发〔2005〕18号）指出，国家"非遗"是中华文化的瑰宝，是中华文脉的重要象征，

国家工业遗产标牌

也是发展国家文化软实力的重要资源。

　　2008 年，古井贡酒酿造技艺入选安徽省非物质文化遗产，成为首个入选省级"非遗"的安徽白酒品牌。由于政策与形势的变化，古井申遗之路异常曲折。直到 2021 年，根据国务院发文，历时 12 年之久，古井贡酒酿造技艺才成功入选第五批国家级非物质文化遗产名录。此次入选代表着亳州地区的酿造技艺得到国家认定，进一步提振了古井贡酒的品牌影响力，是古井贡酒国字号荣誉的里程碑。

　　继实现国内白酒文化的"大满贯"后，古井集团开始积极谋划重启白酒申报世界文化遗产之路，从而推动中国白酒文化走向世界。2021 年 7 月，在工信部工业文化发展中心、中国文物保护中心等多家单位的倡议下，古井贡酒与茅台、五粮液、泸州老窖、汾酒、洋河、李渡共同以"中国白酒老作坊"的名义启动申报世界文化遗产。

生活于 1800 多年前的酒神曹操不会想到今天九酝春酒的枝繁叶茂，但这就是历史的安排。"国保"、吉尼斯世界纪录、国家工业遗产、国家非物质文化遗产，一项项文化桂冠花落古井，助推着亳州酿酒业走向更宽更远更亮的明天。

古井世界香

经济全球化的潮流浩浩荡荡，即使是最为古老的商品——酒，也面临着蜕变。面临着百年未有之大变局，帝亚吉欧、高盛纷纷投资中国白酒，古井贡酒荣获世界十大烈酒产区称号，代表亳州举行了一系列国家级活动。

中国白酒走向世界的过程，需要与世界名酒交流碰撞，取长补短。1988 年，古井贡酒参加巴黎第十三届国际食品博览会，第

古井贡中国酒文化推广联合国开幕式暨论坛现场

一次走出国门便荣获金夏尔奖。到了 2008 年，不少中国白酒企业都喊出了国际化的口号。但由于标准不同、文化不同等限制，白酒在国外的传播非常有限。

古井集团董事长梁金辉曾表示，"白酒是富含中国传统文化、传承中国精神的中国特色产品，塑造中国白酒的大国品牌形象是中国白酒企业的义务与责任。"他山之石，可以攻玉。红酒的拍卖与收藏由来已久，那么中国白酒能不能也走这条路子？

2014 年 1 月，古井贡酒中国酒文化全球巡礼首站登陆美国纽约时代广场，创造了中国白酒对话世界的全新之旅。在纽约联合国大厦古井人成功举办了"文化与发展——古井贡中国酒文化推广联合国开幕式暨论坛"，这是第一个走进联合国的中国白酒。在纽约拍卖会上，古井贡酒陈年老酒以 358.15 万美元的价格成交，开启了"中国白酒国际市场第一拍"，引发了全球收藏中国白酒的热潮。

2014 年 11 月，由亳州市政府、中国酒业协会与安徽古井集团共同组成的中国白酒代表团走进法国，开启"浓香万里——古井贡酒中国白酒文化全球巡礼法国之行"，走进世界名酒产区波尔多、干邑和巴黎。画家、学者范曾认为，酒文化是一个民族的象征之一，古井贡酒以无声的"世界语言"，让华夏文明的精粹去碰撞法兰西文明，让中国醇香对话法国浪漫，用美酒讲述中国故事。

此后，古井集团逐步确立了"打造国际化的新古井"的战略目标，把国际化上升为企业战略，古井贡酒频繁亮相国际活动。古井贡酒全球酒文化巡礼活动陆续走进美国、法国、意大利、波兰、保加利亚、新加坡等地。2015 年 8 月，古井贡酒·年份原浆以阿斯塔纳世博会中国馆全球战略合作伙伴的身份出现在世界舞

2015 年 7 月，亳州市长汪一光向法国干邑市长米歇尔赠送古井贡酒·年份原浆

台之上，这也是年份原浆继 2010 年亮相上海世博会、2012 年参加韩国丽水世博会、2015 年参加意大利米兰世博会之后第四次出现在世博会的舞台上。

古井贡酒的国际化活动得到国际社会的积极回应。2015 年 5 月 19 日，法国干邑市市长米歇尔·郭瑞斯出现在古井贡酒无极酒窖开窖典礼上，并与古井集团董事长梁金辉一起为中国亳州和法国干邑友好城市纪念窖池命名揭牌。同年 7 月，亳州市长汪一光和干邑市长米歇尔·郭瑞斯分别代表两市政府正式签署缔结友好城市关系协议书，开启了两座世界酒城合作的崭新篇章。郭瑞斯先生在签字仪式上说："对于中国来说，酒是不可替代的一种文明，中国的白酒非常有趣，我十分欣赏亳州市政府和古井贡酒为推广中国酒文化走向世界所做出的积极努力。"

"中国白酒峰会"是中国酒业协会主办、白酒龙头企业参加的高端闭门会议。在中国白酒从深度调整到分化复苏遭遇诸多考验的过程中，中国白酒峰会始终通过聚合中国白酒的顶尖阵营，共同为行业的发展贡献新思想和新动能，在中国白酒产业升级过程中起到了"风向标"作用。

2017年4月，古井集团承办的第六届中国白酒峰会在安徽黄山召开。会上，古井集团董事长梁金辉以"走向中国白酒的新境界"为题的精彩发言赢得了诸多行业领袖的高度认同。人们最直观的感受就是：在市场上，古井贡酒的口碑更好了；在行业内，古井集团的声音更强了；在发展上，古井集团的干劲更足了。

从2015年到2017年的三年间，中国白酒峰会参会企业由原来的"5+1"延伸到"6+2"，古井贡酒也从最初的加一列席到入六领衔，这代表着古井贡酒已经成为新时代中国酒业的领军品牌。

古井集团进而提出了"三品论"。在"品质"方面，严把质量关，以"出好酒、出优质酒、出名酒"论英雄。在品牌方面，坚持"高举高打、举高打低、举外打内"的策略，加速全国化布局。在"品行"方面，坚持"做真人，酿美酒，善其身，济天下"的企业价值观，好人酿好酒，人好酒自香，以品行带动品质与品牌。

一方水土酝酿一方美酒，全球任何美酒的酿造都离不开独特的原料、水源、土壤、气候、微生物的生态环境。纵观全球酒类产业，"产区"早已演变成全球消费者判断酒类品质优良与否的最重要标准，也成为全球美酒最好的品质表达方式之一。

2017年11月，世界名酒价值论坛在上海召开。中国酒业协会特邀请来自全球各地的行业顶级专家组成"世界十大烈酒产区"评委会，围绕"产量、产值、酿酒原料、酿酒生态、质量管

古井贡酒所在地亳州入围世界十大烈酒产区

理及标准水平、酿酒科技水平、非物质文化遗产、酿酒历史、酿酒文化、品牌影响力"为核心的十个著名烈酒产区评选标准，对申报参与"世界十大烈酒产区"评选的全球 20 多个酒类产区进行了系统、全面、严格的评选，最终亳州与干邑、遵义等城市一起获评"世界十大烈酒产区"称号。亳州入选世界十大烈酒产区标志着这片自古便盛产美酒的土地得到了世界认可，亳州将以世界名酒产地的身份开启新的征程。

中国是世界上最大的酒类生产及消费大国，其中白酒、啤酒、葡萄酒的消费量均为世界第一。作为中国酿酒史的策源地之一，作为中国文化的典型代表，亳州酒业理应承担起向世界传播中国美酒的历史使命。

中国酿，世界香。亳州这片自古便生产美酒的土地，一定会通过世界人民的酒杯被越来越多的人所熟知。

当代亳州名酒

改革开放以来，在市委市政府的大力支持下，亳州形成了以古井贡酒和高炉酒为代表的两大产区。截至目前，全市拥有白酒生产企业 135 家，年生产能力 14 万千升左右，拥有"古井""古井贡""高炉家""金坛子" 4 个中国驰名商标，以及"金不换""店小二""难得糊涂"等 38 个省著名商标。古井镇还被安徽省经信委授予"徽酒名镇"称号。众多品牌争奇斗艳，进一步提升了亳州白酒的影响力。

一、古井贡酒

古井贡酒的生产厂家安徽古井集团有限责任公司是中国老八大名酒企业、中国制造业 500 强企业，是中国第一家同时发行 A、B 两只股票的白酒类上市公司。公司的前身为起源于明代正德十年（1515）的"公兴槽坊"，1959 年转制为省营亳县古井酒厂。1992 年集团公司成立，1996 年古井贡股票上市。古井集团秉承"做真人，酿美酒，善其身，济天下"的价值观，目前拥有正式员工 10000 多名，以白酒为主业，商旅业、类金融业等为辅业。

古井贡酒是集团的主导产品，其渊源始于公元 196 年曹操将家乡亳州产的"九酝春酒"和酿造方法进献给汉献帝刘协，自此一直作为皇室贡品，曹操也被史学界命名为古井贡的"酒神"。古井贡酒以"色清如水晶，香纯似幽兰，入口甘美醇和，回味经久不息"的独特风格，四次蝉联全国白酒评比金奖，在巴黎第十三届国际食品博览会上荣获金夏尔奖，公司先后获得中国地理标志产品、全国重点文物保护单位、非物质文化遗产保护项目、安徽省政府质量奖、全国质量标杆、国家级工业设计中心、国家级绿色工厂等荣誉。2008 年古井酒文化博览园成为 AAAA 景区，2013 年古井贡酒酿造遗址荣列全国重点文物单位。2016 年，古井集团成为"全国企业文化示范基地"，荣获中国酒业"社会责任突出贡献奖"。2017 年，全国首家古井党建企业文化馆开馆。2018 年，古井贡酒荣获"世界烈酒名牌"称号，古井贡酒酿酒方法"九酝酒法"被吉尼斯世界纪录认证为"世界上现存最古老的蒸馏酒酿造方法"。2019 年，"古井贡酒·年份原浆传统酿造区"成为国家级工业遗产。2020 年，在"华樽杯"中国酒类品牌价值

古井集团总部

高炉家酒和谐年份十五年

评议活动中，"古井贡"以1971.36亿元的品牌价值继续位列安徽省酒企第一名、中国白酒行业第四名。

目前，公司主打产品古井贡酒"年份原浆"，以"桃花曲、无极水、九酝酒法、明代窖池"的优良品质，先后成为上海世博会安徽馆战略合作伙伴，2012年韩国丽水世博会、2015年意大利米兰世博会、2017年哈萨克斯坦阿斯塔纳世博会、2020年迪拜世博会中国馆指定用酒，并于2011—2013年度连续三年总冠名"感动中国"人物评选活动，2016—2020年连续五年特约播出央视春节联欢晚会，同时开展的读"亳"有奖活动受到广泛好评。2019年，古井贡酒策划发起全新升级的"全球读'亳'——挑战最易读错的汉字"向海内外华人宣传千年古城亳州。行业首倡"中国酿，世界香"，坚定中国白酒走向世界的自信。52% vol古井贡酒·年份原浆古20荣获2019年度中国白酒感官质量奖。

二、高炉家酒

高炉家酒产于老子故里安徽省涡阳县高炉镇，产品主要有"高炉""高炉家""和谐年份"等三大系列，高、中、低档9个品种。其"浓香入口，酱香回味"的和谐口感，"浓酱相融，中庸和谐"的和谐品质，"偏高温制曲，原生态酿造"的和谐工艺，被白酒界专家和国家质量检测中心称赞为"浓头酱尾"，特点突出，口感和谐，品质优良。消费者也普遍反映该酒"入口绵、回味甜，感觉舒服"。

高炉家酒历史悠久，相传早在汉代就有酿酒活动。1949年，高炉家酒在广和槽坊、会海槽坊、永源公槽坊三家老酒坊合并基础上成立。

20世纪50年代，高炉酒厂建成了行业内第一个机械化生产

185

车间，在此基础上，还派出技术团队支援其他酒厂建设。20 世纪 90 年代，高炉双轮池畅销全国。21 世纪初，推出以徽派家文化为背景的高炉家酒，"有爱的地方就是家"，高炉广告语风靡一时。2014 年，高炉酒厂改组为徽酒集团，现任董事长为知名投资人林劲峰。

三、金不换酒

金不换白酒集团是安徽省知名民营企业，位于亳州市谯城区古泉路 2 号，是亳州建厂较早的白酒酿造企业，下辖亳州市金不换酒业有限责任公司、亳州市金不换白酒销售有限责任公司、亳州市金不换大酒店有限公司等分公司。固定资产 1.28 亿元，占地 18 万平方米，员工 1000 余人，优质窖池 1300 多条，年产万吨优质大曲酒，是皖北较大的优质曲酒生产经营基地。

"金不换"系列白酒拥有厚道、礼遇、明酒坊、清酒坊等数十个产品，酒香幽雅怡人，入口醇甜绵软，协调爽净、回味悠长。"金不换"商标是安徽省著名商标，"金不换"白酒荣获安徽省名牌产品、安徽省质量信得过产品。

AAA 级景区金不换酒厂

四、金坛子酒

安徽金口酒业有限公司坐落于中国名酒之乡——安徽亳州市古井镇。公司利用传统的"九酝、五甑"酿造技术，精心生产出三大系列白酒，十多个品种。"金坛子"牌系列白酒酒味醇厚适口，不上头，备受消费者青睐。"打开金坛子，幸福一辈子"的广告语具有很强的市场知名度，产品畅销苏鲁豫皖等省区。

2016年6月，"金坛子"获得国家工商总局商标局"驰名商标"荣誉称号；2019年"华樽杯"酒类200强品牌价值评定中，位居中国白酒类品牌价值排行榜第43名。

五、庄子酒

安徽庄子道酒业有限公司位于安徽省亳州市蒙城县，企业前身是国营蒙城县酒厂。公司占地面积12万平方米，有高级经济师、工程师、酿酒师、品酒师及生产酿造专业技术员工300余人。年产优质白酒6000余吨。

公司研制开发的"庄子""漆园春""庄子道""庄子窖""庄子家""庄子梦蝶""庄周醉"等品牌系列60多个产品拥有众多的忠实消费者。安徽庄子道酒业酿造的特色芝麻香型白酒为安徽独有，并被列为中国四大芝麻香型白酒原产地之一。其风味特色是酒体微黄透明、窖香优雅、绵柔净爽，有一股焙炒芝麻的微妙的焦香味，沁人肺腑，回味无穷。

六、上上品酒

安徽省上上酒业有限公司是一家集酿酒、包装、销售于一体的中型浓香型白酒企业，酒厂总占地近300亩，白酒生产工艺采用固态法纯粮酿造。现有发酵池504条，职工260人。

公司汲取徽派四粮和川派五粮酿酒之精华，以高温陈曲、传统老窖、多粮固态发酵的酿造方法，独创"七粮精酿"工艺（七粮即高粱、粳米、糯米、小麦、大麦、玉米、豌豆）。开创性地创造"三清一控，三高一低"的酿造技术（"三清一控"即清蒸原料、清蒸辅料、清吊酒醅、控浆发酵；"三高一低"即高酸度、高水分、高淀粉、低温度）。精选酒体之精华，辅以现代高科技手段分析酒体，指导酒体定型。

上上品酒酿造用曲为混合曲，将春天生产的桃花曲、夏天生产的伏曲、秋天生产的菊花曲按科学比例混合，集自然界不同季节中生物菌系，使酿造出的上上品酒酒体更丰腴、味道更醇厚、口感更绵柔。

上上酒业目前已向市场推出上上品、上上贡、上上人家三大系列 17 个品种，远销全国多个省市和地区。公司先后获得"安徽市场质量信得过企业"、第三届中小企业"成长之星"等荣誉称号。

附录

亳州酒史大事记

新石器时代

距今约 5000 年、位于涡河流域的尉迟寺遗址，总面积达 10 万平方米，是国内目前保存最为完整规模最大的新石器时代晚期聚落遗存之一。出土了大量陶器和粮食积存遗迹，其中陶尊、窄口陶壶等可以用于酿酒活动。

距今约 4000 年，位于亳州城东的钓鱼台遗址出土了中国最古老的小麦。

商

约公元前 3800 年，汤王迁徙至亳，商人善于酿酒，亳州酒史就此滥觞。

东汉

东汉初年，置豫州刺史部治所于谯县。

建安元年（196），曹操向汉献帝刘协进献家乡谯县（今亳州市谯城区）"九酝春酒"及"九酝酒法"。"九酝酒法"也是世界上现存最古老的蒸馏酒酿造方法。

建安十四年（209），曹操在谯令谷（今古井镇）屯田练兵，并在此酿酒。

魏

延康元年（220），曹丕南征孙权，驻军谯郡，大飨父老，留有《大飨碑》。

南北朝

南梁中大通四年（532），梁武帝萧衍派侍中元树攻魏，魏南兖州刺史以谯城降梁。七月，北魏派兵攻元树。北魏将军独孤信与元树在谯城北大战，元树兵败被擒后，谯地百姓为纪念独孤信，在简塚店（今亳州市谯城区古井镇）建独孤将军庙。

北魏永熙二年至东魏武定二年间（533—544），贾思勰著成综合性农书《齐民要术》，详细记载了"九酝酒法"的酿造工艺。

唐

唐武德四年（621），谯郡更名为亳州，下辖谯县（今谯城区）、山桑县（今蒙城县）、城父县（今谯城区城父镇）、临涣县（今安徽濉溪临涣镇）、酂县（今河南永城酂城镇）、鹿邑县（今河南鹿邑县西南）、永城县（今河南永城）、真源县（今鹿邑县）八县。这一行政区划维持到明初，延续了一千多年。

五代

后唐时期（923—936），亳州真源县人陈抟用家乡洺河水加黏谷，酿成洺流酒，亦称希熬酒。

宋

大中祥符七年（1014），宋真宗谒太清宫，并亲临亳州，原籍亳州谯县的秘书丞鲁宗道向宋真宗进献"九酝春酒"，宋真宗大喜，赐州城西门名"朝真"，楼曰"奉元"，北门名"均禧"，楼曰"均庆"，北门涡水桥曰"灵津"，东涡水桥曰"崇真"。

熙宁十年（1077），亳州年上缴朝廷酒课（税）10万贯以上。据《宋会要辑稿》载，熙宁十年以前，亳州共有谯县、城父、蒙城、鄴县、鹿邑、卫真、保安镇、永城、郸城镇、蒙馆镇、谷阳镇等12处酒务，岁酒课达到117068贯。

明

正德年间（1506—1521），减酒成为亳州特产，世人赞曰"涡水鳜鱼黄河鲤，胡芹减酒宴嘉宾"。

万历年间，礼部尚书沈鲤将亳州减酒进贡给万历皇帝。

清

清代亳州酿酒业兴盛，亳州全城有酿酒作坊百余家，多数作坊生产高粱大曲酒，少数生产洺流酒（相传为陈抟所创）和小药酒。著名产品有乾酒、福珍酒、三白酒、竹叶青、状元红和佛手露等。亳州减酒畅销苏鲁豫皖地区。

光绪年间，毅军将领姜桂题将减酒进献给慈禧太后。

中华民国

1925年，亳县有54家槽坊，其中尤以蒋天源槽坊规模最大，可产十几种白酒和染色酒。天源永槽坊日产量达 1000 多公斤，减酒等亳州产美酒行销河南、安徽等地。

清宣统元年（1909），蔡玉珍在蒙城县城西门里开设"勇源公"槽坊，脚工 10 名，年产大曲酒约 2 万斤。

1947 年，为节省粮食，亳县政府颁布禁酒令，暂停县内所有槽坊酿酒，"公兴槽坊"也因而停业。

1948 年，亳县民主政府设立了专酿专卖处，年销白酒 6 万斤，通过自产白酒，减少国统区白酒输入。

1949 年 9 月，涡阳县人民政府接管"广和""会海"两家酒坊。次年又租借"永源公"槽坊的厂房设备，建立高炉酒厂。

中华人民共和国

1958 年 3 月，蒙城县人民政府在东关筹建国营蒙城酒厂。

1958 年秋，亳县张集乡红旗十一人民公社成立减店酒厂，至年底，生产减酒远销合肥市。

1959 年 4 月，安徽省轻工业厅对亳县减店酒厂考察后认为大有发展希望，并拨款 10 万元，扩建亳县减店酒厂，后改名为安徽亳县古井酒厂。

1960 年 2 月，亳县古井酒厂申请注册古井牌古井贡酒商标，历经"贡"字风波，后获国家工商行政管理局批准。

1963 年 11 月 6 日，亳县古井酒厂生产的古井贡酒，在第二届全国评酒会上被评为国家名酒，总分第二名，《大公报》给予报道，名震全国。

1964 年，聂广荣、张树森等人发明的人工老窖研制成功，打破了"百年窖池出好酒"的神话，加速了全国白酒行业的发展。

轻工业部领导指出，"人工培养老窖是酿酒史上的一个突破。"

1980 年，全国名白酒第六届技术协作会议在亳县古井酒厂召开。这是亳州地区第一次举办全国性白酒交流大会，提升了亳州作为白酒产区的知名度。

1987 年 10 月 1 日，在人民大会堂举行的国庆宴会上，古井贡酒首次被列为国宴用酒。

1988 年，古井贡酒参加巴黎第十三届国际食品博览会，第一次走出国门便荣获金夏尔奖。

1989 年 9 月，亳州古井酒厂二车间工人李天华被国务院授予"全国劳动模范"荣誉称号。10 月 1 日，李天华在北京参加新中国成立 40 周年庆祝活动中，受到邓小平、江泽民、李鹏等党和国家领导人接见。

1989 年，面临行业下行压力，古井酒厂提出"负债经营""降度降价"等策略，不仅成为全国同行业唯一没有滑坡的企业，利税首次跃居全国最大工业企业 500 强之列。

1991 年 11 月 16 日，中共中央政治局常委、中央纪委书记乔石到亳州古井酒厂视察。

1992 年，古井贡酒利税突破亿元大关，在中国 500 强企业中位列第 148 位，综合经济效益居全国饮料行业第二位。

1994 年 4 月 26 日—5 月 2 日，在北京民族文化宫举办的安徽省经济成果展览会上，江泽民、乔石、李瑞环、李岚清等党和国家领导人视察古井酒厂展区，江泽民询问古井贡酒的度数及出口创汇情况后，笑着说："古井贡酒很有名气。"

1996 年 10 月，作为中国白酒行业第一个用酒龄来命名的白酒产品，古井贡酒·十年陈酿问世。

1996 年，古井贡 6000 万股 B 股、2000 万股 A 股在深圳相继上市，古井酒厂相应改制为安徽古井贡酒股份有限公司。这是中国白酒行业第一家 A、B 股同时上市的公司。

1999 年 1 月，国家工商行政管理局商标局发文确认"古井贡"商标为中国驰名商标。

1999 年 8 月 9 日，国务院副总理温家宝到古井集团视察工作，并参观古井酒文化博物馆。

2001 年，高炉家酒问世，迅速占领了合肥市场，营销业绩一度位居徽酒首位。

2005 年，"高炉"被认定为国家驰名商标。

2008 年，"古井贡酒·年份原浆"正式亮相，逐步成为支撑古井贡酒复兴的拳头产品。

2008 年 10 月，古井酒文化博览园被评为中国白酒第一家 AAAA 级旅游景区。

2011 年 6 月，国家工商行政管理总局商标局认定"古井"为"中国驰名商标"。古井贡酒股份有限公司成为安徽省首家拥有两个中国驰名商标的白酒企业。

2011 年 7 月，古井贡酒成为 2012 年韩国丽水世博会中国馆"全球合作伙伴"，同时古井贡酒·年份原浆产品被选为 2012 年丽水世博会中国馆唯一指定白酒。

2013 年 5 月，国家文物局官方网站公布第七批全国重点文物保护单位名单，"古井贡酒酿造遗址"包括北魏古井、宋代古井、明清窖池群、明清酿酒遗址 4 个单体名列其中。古井集团在中国白酒行业中成为国家级文物最多、体量最大的企业之一。

2014 年 1 月，古井贡酒中国酒文化全球巡礼首站登陆美国纽约时代广场，创造了中国白酒对话世界的全新之旅。

2015 年 7 月，时任亳州市长汪一光和干邑市长米歇尔·郭瑞斯分别代表两市政府正式签署缔结友好城市关系协议书，开启了两座世界酒城合作的崭新篇章。

2015 年 10 月 13 日，"年份原浆"商标予以注册公告。

2017 年 11 月，亳州与干邑、遵义等城市一起获评"世界十大烈酒产区"称号。

2018 年 9 月 19 日，古井贡酒酿造方法"九酝酒法"作为世界上现存最古老的蒸馏酒酿造方法获得吉尼斯世界纪录官方认证。

2018 年，古井集团营收突破百亿，这是亳州地区第一家百亿级的白酒企业。

2019 年 11 月，工信部公布了第三批国家工业遗产名单，古井贡酒·年份原浆传统酿造区代表中原地区的传统名酒产地而成功入选。

2021 年 5 月 24 日，根据国务院发布的公告，古井贡酒酿造技艺入选第五批国家级非物质文化遗产名录。

亳州地名建置沿革对照表

时代	统部	名称	属地	附注
唐尧	豫州			
虞舜	豫州			
夏	豫州			
商	豫州	南亳		
周	焦国			周武王封神农氏后于此
春秋	陈国	焦邑、夷邑		
战国	楚国	谯、城父		
秦	泗水郡、砀郡		谯县、城父县	
西汉	沛郡		谯县、谷熟县、城父县	
新（王莽）	沛郡		延成亭、思善亭	
东汉	豫州	沛国	酂县（今河南省永城市酂城镇附近）、谯县、城父县	
三国（魏）	豫州	谯郡	城父、酂、龙亢（今河南省永城市龙岗）、谯、蕲（今安徽省宿州市埇桥）、铚（今安徽省淮北市濉溪）、蒙（今安徽省蒙城县）	魏国五都之一，领七县
晋	豫州	谯国，又为谯郡	同上	
南朝宋	豫州	谯郡	小黄县、浚仪县、蕲县、蒙县、宁陵县	东晋至梁代实行侨置郡县，具体地点有争议
南齐	豫州	谯郡		
梁	豫州	谯郡		
北魏	南兖州、谯州	谯郡、陈留郡	小黄县、浚仪县	

196

（续上表）

时代	统部	名称	属地	附注
北齐	南兖州	陈留郡		
北周		南兖州，后改亳州		
隋		谯郡	小黄县、梅城县、城父县、谯县	
唐		亳州	谯县、酂县、永城、城父、鹿邑、真源、蒙、临涣县（今安徽濉溪临涣镇）	天宝元年改为郡。乾元初年复为州
五代梁	宣武军	亳州防御州	亳州、夷父县（今亳州市城父县）	
后唐		亳州团练州		
后晋		亳州防御州		
后周		亳州		
北宋	淮南路、淮南东路	亳州	谯县、鹿邑、卫真、酂县、蒙城、城父、永城	南宋曾短暂管辖，旋复旋失
金	南京路	亳州	同上	
元	河南江北行省归德府	亳州		
明	南直隶凤阳府	亳州	谯、城父、鹿邑	洪武初年属开封府，洪武六年降为县，改属南直隶颍州府。并设武平卫。弘治九年改为州，有三属县，改属凤阳府
清	江南/安徽省颍州府	亳州	太和、蒙城	1864年，清廷析谯县、蒙城县、阜阳县各一部分设涡阳县
民国	安徽省	亳县		1912年，民国政府降亳州为亳县，由省直辖

197

（续上表）

时代	统部	名称	属地	附注
1949—2000 年	安徽省阜阳地区	亳县/县级亳州市		1965 年,国务院从阜阳、涡阳、蒙城、凤台各划出一部成立利辛县
2000—至今	安徽省	亳州市	蒙城县、涡阳县、利辛县、谯城区	

1959—1995 年亳州古井酒厂主要经营指标一览表

单位:万元

年份	产值	收入	利税总额	利润	税金
1959	9.15	5.62	-0.52	-0.83	0.31
1960	49.11	53.8	25.99	-2.19	28.18
1961	6.36	53.3	26.74	2.48	24.26
1962	16	84.1	43.41	-6.79	50.2
1963	11.03	84.1	32.06	2.68	29.38
1964	12.2	38.6	24.43	1.01	23.42
1965	18.52	52.2	26.88	-4.79	31.67
1966	34.99	90.04	60.81	6.25	54.56
1967	35.52	99.63	52.74	-7.64	60.38
1968	37.35	111.7	57.24	-10.46	67.7
1969	42.34	126.06	62.94	-11.05	73.99
1970	40.85	111.82	67.58	-0.18	67.76
1971	86.1	106.23	52.19	-12.19	64.38
1972	105.24	122.68	60.26	-13.65	73.91
1973	133.79	163.49	86.52	-11	97.52
1974	155.77	226.36	118.65	-16.26	134.91
1975	241.93	299.19	158.36	-10.1	168.46
1976	253.65	316.34	179.78	-31.2	210.98
1977	293.82	346.33	189.51	-29.11	218.62
1978	271.91	445.55	248.35	-9.23	257.58
1979	269.48	400	233.35	2.85	230.5
1980	290.37	549.5	316.36	30.98	285.38
1981	712.1	821.92	481.08	48.65	432.43
1982	737.8	1312.2	562.49	61.2	501.29
1983	772.41	1486.2	664.44	78.95	585.49
1984	957.04	2022.9	871.31	281.67	589.64

（续上表）

年份	产值	收入	利税总额	利润	税金
1985	1192.1	2309.1	827.64	372.8	454.84
1986	1436.3	3317	1035.9	364.24	671.63
1987	1944.8	5926.9	1223.2	798.63	424.59
1988	2661.9	9953	4025	1683	2342
1989	3336.3	11986	4074	1166.6	2907.4
1990	4564.9	15800	5146.3	1454.6	3691.7
1991	22223	26907	9186.1	2969.3	6216.8
1992	26856	34492	19198	11272	7925.9
1993	41185	47386	26408	17104	9304.7
1994	73568	59617	32893	17404	15490
1995	89325	75672	42998	23941	19057

1996—2019 年安徽古井集团主要经营指标一览表

单位:亿元

年份	收入	利税总额	利润	税金
1996	11.67	5.59	2.98	2.61
1997	12.65	5.89	3.05	2.84
1998	12.44	4.34	1.20	2.34
1999	12.51	4.43	2.13	2.30
2000	13.60	4.70	1.79	2.91
2001	12.71	3.28	0.58	2.70
2002	11.05	2.47	0.75	1.72
2003	11.18	2.49	0.64	1.85
2004	14.11	2.18	0.42	1.76
2005	16.17	2.43	0.26	2.17
2006	17.42	3.15	0.30	2.85
2007	20.86	4.83	1.60	3.24
2008	22.96	4.56	0.64	3.92
2009	24.44	5.90	1.67	4.23
2010	29.22	12.00	6.24	5.76
2011	40.74	18.43	7.82	10.61
2012	51.21	25.85	9.38	16.47
2013	56.00	24.41	8.31	16.10
2014	60.78	26.29	8.21	18.08
2015	67.73	29.96	9.90	20.06
2016	76.07	33.95	11.04	22.91
2017	87.32	45.04	16.30	28.74
2018	104.75	56.85	23.04	33.81
2019	120.69	60.91	26.26	34.65

1949—2009 年高炉酒厂主要经营指标一览表

单位:万元

年份	产值	利税总额	利润	税金
1949	0.8	1.12	0.12	1.00
1950	3.0	4.15	1.65	2.50
1951	30.5	11.96	2.29	9.67
1952	78.1	6.55	6.46	0.09
1953	58.7	46.65	5.32	41.33
1954	109.1	97.35	14.05	83.30
1955	122.2	133.65	19.05	114.6
1956	71.92	66.92	10.34	56.58
1957	167.54	168.95	24.00	144.95
1958	148.69	150.20	27.06	123.14
1959	166.62	204.24	1.40	202.84
1960	22.25	8.76	-12.72	21.68
1961	15.59	14.78	1.00	13.78
1962	20.77	21.84	-7.33	29.17
1963	25.4	28.72	14.00	14.72
1964	18.4	15.70	2.00	13.70
1965	31.25	27.72	2.50	25.22
1966	36.06	39.20	5.74	33.46
1967	31.67	28.26	4.23	24.03
1968	34.14	31.05	4.74	26.31
1969	40.88	42.28	4.50	37.78
1970	66.56	62	9.60	52.40
1971	190.46	86.72	13.70	73.02
1972	232.61	110.56	11.77	98.79
1973	256.57	113.55	11.23	102.32
1974	341.19	150.88	13.56	137.32

年份	收入	利税总额	利润	税金
1975	347.0	153.86	9.20	144.66
1976	391.0	167.35	12.39	154.96
1977	416	114.46	6.66	107.80
1978	312.84	143.41	4.50	138.91
1979	325.64	126.19	3.87	122.32
1980	400	132.67	16.1	116.57
1981	395.1	186.84	0.25	186.59
1982	407.95	247.98	0.18	247.80
1983	568.73	319.10	3.30	315.80
1984	590.91	324.78	20.18	304.60
1985	933.76	446.73	101.18	345.55
1986	941.99	329.75	45.07	284.68
1987	991.63	568.40	64.10	504.30
1988	1258.93	873.13	168.10	705.03
1989	1216.10	639.50	80.10	559.40
1990	1210.00	694.30	13.40	680.90
1991	3274.48	789.24	6.80	782.44
1992	3488.96	1187.70	75.42	1112.28
1993	9983	2854	657	1500
1994	19068	6511	1724	3563
1995	53699	13192	4745	5058
1996	92900	30274	13045	8250
1997	103400	31018	16950	12212
1998	66194	20088	6789	13299
1999	56549	12046	1416	10630
2000	21310	5939	1722	4217
2001	6902	1517	26	1491

（续上表）

年份	收入	利税总额	利润	税金
2002	18681	4063	424	3639
2003	42263	4034	1060	2996
2004	45332	4442	1133	3309
2005	53866	5765	1598	4167
2006	59841	8807	1620	7187
2007	60617	11245	2150	9095
2008	75067	13115	1917	11198
2009	101627	26272	3844	22428

参考文献

1. 〔汉〕司马迁撰,《史记》,中华书局 2009 年版。

2. 〔汉〕许慎撰,《说文解字》。

3. 〔汉〕戴圣编,《礼记》。

4. 〔汉〕张仲景撰,《金匮要略》。

5. 〔西晋〕陈寿撰,《三国志》,上海古籍出版社 2002 年版。

6. 〔北魏〕郦道元撰,《水经注》。

7. 〔南朝宋〕范晔撰,《后汉书》,中华书局 2007 年版。

8. 〔西晋〕陈寿撰,《三国志》。

9. 〔唐〕房玄龄等撰,《晋书》。

10. 〔唐〕杜佑撰,《通典》。

11. 〔宋〕苏颂撰,《苏魏公集》。

12. 〔宋〕晁补之撰,《鸡肋集》。

13. 〔宋〕李焘撰,《续资治通鉴长编》。

14. 〔宋〕魏泰撰,《东轩笔录》。

15. 〔宋〕陆游撰,《老学庵笔记》。

16. 〔宋〕穆修撰,《河南穆公集》。

17. 〔宋〕罗泌撰,《路史》。

18. 〔宋〕王应麟著,《玉海》。

19. 〔金〕王寂撰,《拙轩集》。

20. 〔元〕脱脱等编,《宋史》。

21. 〔元〕脱脱等编,《金史》。

22. 〔明〕柳瑛撰,《中都志》。

23. 〔明〕柯维骐撰,《宋史新编》。

24. 〔清〕顾祖禹撰,《读史方舆纪要》。

25. 〔清〕陈铭珪撰,《长春道教源流》。

26. 〔清〕严可均编,《全三国文》。

27. 〔清〕徐松编,《宋会要辑稿》。

28. 〔清〕载龄等编,《户部漕运全书》。

29. 〔清〕元成等编,《续纂淮关统志》。

30. 〔清〕郑交泰等编,乾隆三十九年《亳州志》。

31. 〔清〕刘开、任寿世等编,道光《亳州志》。

32. 〔清〕冯煦等编,《皖政辑要》。

33. 黄佩兰等编,民国《涡阳县志》。

34. 李定夷编,《明清两代逸闻大观》,国华书局 1917 年版。

35. 亳县曹操集译注小组,《曹操集译注》,中华书局 1979 年版。

36. 谭其骧编,《中国历史地图集》,中国地图出版社 1982 年版。

37. 郭游、曹太定编,《古井贡酒》,中国食品工业出版社 1989 年版。

38. 涡阳县地方志编纂委员会编,《涡阳县志》,黄山书社 1989 年版。

39. 中国第一历史档案馆，《雍正朝汉文朱批奏折汇编》（第二十册），江苏古籍出版社1990年版。

40. 蒙城县地方志编纂委员会编，《蒙城县志》，黄山书社1994年版。

41. 宋镇豪著，《夏商社会生活史》，中国社会科学出版社1994年版。

42. 利辛县地方志编纂委员会编，《利辛县志》，黄山书社1995年版。

43. 亳州市地方志编纂委员会编，《亳州市志》，黄山书社1996年版。

44. 杨小凡、梁金辉等著，《古井史话》，安徽人民出版社1997年版。

45. 国家图书馆善本金石组编，《历代石刻史料汇编》，北京图书馆出版社2000年版。

46. 王鑫义主编，《淮河流域经济开发史》，黄山书社2001年版。

47.〔美〕尤金·N. 安德森著，《中国食物》，江苏人民出版社2003年版。

48. 中国社科院考古研究所编，《蒙城尉迟寺（第二部）》，科学出版社2007年版。

49. 陈鼓应注，《庄子今注今译》，中华书局2009年版。

50. 亳州市地方志编纂委员会编，《亳州市志》，方志出版社2010年版。

51. 王赛时著，《中国酒史》，山东大学出版社2010年版。

52. 中华书局编辑部，《曹操集》，中华书局2012年版。

53. 亳州市谯城区地方志办公室编，《谯城古诗词》，黄山书社 2014 年版。

54. 亳州市地方志编纂办公室整理，点校版光绪《亳州志》，黄山书社 2014 年版。

55. 李灿著，《亳州曹操宗族墓字砖图录文释》，中华书局 2015 年版。

56. 亳州市地方志编纂办公室整理，点校版乾隆三年《亳州志》，黄山书社 2016 年版。

57. 古井贡酒志编纂委员会编，《安徽省志·古井贡酒志》，方志出版社 2016 年版。

58. 梁金辉著，《亳州商业文明探源》，合肥工业大学出版社 2016 年版。

59. 〔美〕贾雷德·戴蒙德著，《枪炮、病菌与钢铁——人类社会的命运》，上海译文出版社 2016 年版。

60. 亳州市地方志编纂办公室整理，点校版顺治《亳州志》，方志出版社 2017 年版。

61. 李灿著，《殷亳商都》，中国文史出版社 2018 年版。

62. 亳州市地方志编纂办公室整理，点校版嘉靖《亳州志》，方志出版社 2018 年版。

63. 杨小凡等编，《古井企业文化手册》，安徽文艺出版社 2018 年版。

64. 《聂广荣》编纂委员会编，《聂广荣》，安徽文艺出版社 2018 年版。

65. 〔加拿大〕罗德·菲利普斯著，《酒：一部文化史》，格致出版社 2019 年版。

66. 〔美〕斯文·贝克特著,《棉花帝国》,民主与建设出版社 2019 年版。

67. 〔美〕马歇尔·萨林斯著,《石器时代经济学》,三联书店 2019 年版。

68. 〔英〕马克·福赛思著,《醉酒简史》,中信出版集团 2019 年版。

69. 爱如生数据库·明清实录。

70. 第一历史档案馆馆藏档案。

71. 古井集团档案馆馆藏档案。

72. 亳州市谯城区档案馆馆藏档案。

图书在版编目（CIP）数据

亳州酒史研究／杨小凡，程诚著. －－北京：中国文史出版社，2022.1
ISBN 978－7－5205－3236－5

Ⅰ．①亳… Ⅱ．①杨… ②程… Ⅲ．①酒文化－文化史－研究－亳州市 Ⅳ．①TS971.22

中国版本图书馆 CIP 数据核字（2021）第 201603 号

责任编辑：薛未未

出版发行：**中国文史出版社**
社　　址：北京市海淀区西八里庄路 69 号院　邮编：100142
电　　话：010－81136606　81136602　81136603（发行部）
传　　真：010－81136655
印　　装：北京新华印刷有限公司
经　　销：全国新华书店
开　　本：720×1020　1/16
印　　张：14　　　字数：150 千字
版　　次：2022 年 1 月第 1 版
印　　次：2022 年 1 月第 1 次印刷
定　　价：68.00 元